电力安全管理探索

张立贤◎著

吉林科学技术出版社

图书在版编目（CIP）数据

电力安全管理探索 / 张立贤著. -- 长春 ：吉林科
学技术出版社，2023.6
ISBN 978-7-5744-0618-6

Ⅰ．①电… Ⅱ．①张… Ⅲ．①电力工业－安全管理
Ⅳ．①TM08

中国国家版本馆 CIP 数据核字（2023）第 130205 号

电力安全管理探索

著	张立贤
出 版 人	宛 霞
责任编辑	穆 楠
封面设计	金熙腾达
制 版	金熙腾达
幅面尺寸	185mm×260mm
开 本	16
字 数	260 千字
印 张	11.5
印 数	1–1500 册
版 次	2023年6月第1版
印 次	2024年2月第1次印刷

出 版	吉林科学技术出版社
发 行	吉林科学技术出版社
地 址	长春市福祉大路5788号
邮 编	130118
发行部电话/传真	0431-81629529 81629530 81629531
	81629532 81629533 81629534
储运部电话	0431-86059116
编辑部电话	0431-81629518
印 刷	三河市嵩川印刷有限公司

书 号	ISBN 978-7-5744-0618-6
定 价	70.00元

前　言

随着电力行业的迅猛发展和电力供需规模的不断扩大，电力安全管理已经成为一项至关重要的任务。电力系统作为现代社会不可或缺的基础设施之一，为人们的生活、生产和经济发展提供了强大的支撑力。

基于此，本书以"电力安全管理探索"为题，第一，介绍了安全管理的概论，包括理论与内容、要素与定律以及体系构建，通过深入理解安全管理的基本概念和原则，为后续章节的讨论提供基础；第二，聚焦于电力安全生产管理与应急处理，探讨电力安全生产管理及其影响因素，介绍电力安全生产管理体系及其优化，以及电力安全生产应急管理，以应对突发事件和事故；第三，关注电力电气设备的安全管理，讨论电力电气保护设备与安全间距，介绍电力电气设备的安全选用，并分享电力电气设备储运与维修的方法；第四，探讨电力系统防护与安全措施，介绍人身触电及其防护，雷电过电压及其防护，以及电气作业的安全措施，以提高电力系统的安全性；第五，聚焦电力工程安全监督与系统设计，介绍电力工程设计中的全阶段监督，电力工程安全监督的主要途径，以及电力安全监督标准化管理系统的设计；第六，关注电力安全管理中技术的应用创新，详细阐述电力安全管理中的风险管理的应用，信息化技术的应用，以及物联网技术的应用。

本书从多个角度切入主题，详略得当，结构布局合理、严谨，语言准确。在有限的篇幅内，做到内容系统简明、概念清晰准确、文字通顺简练，形成一个完整的、循序渐进的、便于阅读与研究的文章体系。

本书的撰写得到了许多专家学者的帮助和指导，在此表示诚挚的谢意。由于笔者水平有限，加之时间仓促，书中所涉及的内容难免有疏漏与不够严谨之处，希望各位读者多提宝贵意见，以待进一步修改，使之更加完善。

目　录

第一章　安全管理概论 ······································· 1

　　第一节　安全管理的理论与内容 ······················· 1

　　第二节　安全管理的要素与定律 ······················· 4

　　第三节　安全管理的体系构建 ························· 8

第二章　电力安全生产管理与应急处理 ····················· 20

　　第一节　电力安全生产管理及其影响因素 ··············· 20

　　第二节　电力安全生产管理体系及优化 ················· 25

　　第三节　电力安全生产应急管理 ······················· 44

第三章　电力电气设备的安全管理 ························· 59

　　第一节　电力电气保护设备与安全间距 ················· 59

　　第二节　电力电气设备的安全选用 ····················· 72

　　第三节　电力电气设备的储运与维修 ··················· 81

第四章　电力系统防护与安全措施 ························· 91

　　第一节　人身触电及其防护 ··························· 91

　　第二节　雷电过电压及其防护 ························· 107

　　第三节　电气作业的安全措施 ························· 112

第五章　电力工程安全监督与系统设计 ·············· 128

　　第一节　电力工程设计中的全阶段监督 ·············· 128

　　第二节　电力工程安全监督的主要途径 ·············· 133

　　第三节　电力安全监督标准化管理系统设计 ·············· 139

第六章　电力安全管理中技术的应用创新 ·············· 156

　　第一节　电力安全管理中的风险管理的应用 ·············· 156

　　第二节　电力安全管理中信息化技术的应用 ·············· 166

　　第三节　电力安全管理中物联网技术的应用 ·············· 169

参考文献 ·············· 176

第一章　安全管理概论

第一节　安全管理的理论与内容

安全是在生产过程中，将系统的运行状态对生命、财产、环境可能产生的损害控制在能接受水平以下的状态。安全是人们对生产、生活中是否可能遭受健康损害和人身伤亡的综合认识。安全问题涉及经济建设和社会生活各个领域以及人民群众衣食住行各个方面，是企业正常经营的基础和前提，是企业发展的最重要环节，对企业持续的和谐发展和效益提高有着重大的影响，直接影响到社会稳定、经济发展和人民生活。

一、安全管理的理论

（一）海因里希法则

海因里希法则又称海因里希安全法则或海因里希事故法则。海因里希法则是指当一个企业有 300 个隐患或违章，必然要发生 29 起轻伤或故障，在这 29 起轻伤事故或故障中，有 1 起重伤、死亡或重大事故。这 1 法则用于企业的安全管理上，即在一起重大的事故背后必有 29 起轻度的事故，还有 300 起潜在的隐患。这个统计规律说明无数次意外事件，必然导致重大伤亡事故的发生，而要防止重大事故的发生必须减少和消除无伤害事故，要重视事故的苗头和未遂事故。

（二）轨迹交叉理论

轨迹交叉理论是揭示事故致因的重要理论。轨迹交叉论认为，伤害事故是许多相互联系的事件顺序发展的结果。这些事件可以归结为人的不安全行为和物的不安全状态两个系列。当两者的发展轨迹在同一时间、同一空间发生了交叉，即同时同地出现时，事故就会发生。

轨迹交叉论作为一种事故致因理论，强调人的因素、物的因素在事故致因中同样占有重要的地位。按照该理论，可以通过提升人的安全行为排除物的不安全状态，或通过提升物的安全状态限制人的不安全行为，这两种方式都可以避免事故的发生，但实现的是不稳定安全。要实现稳定安全，必须努力消除物的不安全状态和人的不安全行为，做到人的安全行为与物的安全状态均衡提升。

运用轨迹交叉论要注意到人的安全行为和物的安全状态都是相对的。人的不安全行为升级，可以导致新的物的不安全状态的出现，物的不安全状态也可以诱发人的不安全行为。因此，事故的发生可能并不是简单地按照人、物两条轨迹独立地运行，而是呈现较为复杂的因果关系。

（三）事故致因连锁理论

事故致因连锁理论又称多米诺骨牌理论，事故致因连锁理论认为，伤亡事故的发生不是一个孤立的事件，尽管伤害可能在某瞬间突然发生，却是一系列事件相继发生的结果。事故因果连锁过程可以归纳为五种因素，具体如下：

第一，安全管理方面的控制不足，是导致事故伤害的根本原因，包括安全规章制度不健全、人员配备不齐全、工作计划不合理等。安全管理的缺陷，致使造成事故的其他原因出现。安全管理是企业管理最重要的根本环节，只有安全管理系统随着生产的发展变化而不断调整完善，才能做到长治久安。

第二，间接原因是事故隐患，包括个人原因和工作条件的原因。其中个人原因包括缺乏安全知识或技能、生理或心理有问题等；工作条件原因包括设备、材料不合适以及有害作业环境因素等。只有找出并控制间接原因，才能有效地防止后续原因的产生。

第三，事故的直接原因是人的不安全行为和物的不安全状态。直接原因是间接原因和管理缺陷的表象。控制直接原因，就是要使人的不安全行为和物的不安全状态不能同时同地发生，避免事故发生。

第四，事故的经济损失和人身伤害发生的原因，是人的身体或设备设施与超过安全阈值的有害能量接触或有害物质接触。因此，防止事故损害就是防止有害接触，可以通过对装置、材料、工艺等的改进来防止能量的释放，或者操作者佩戴个人防护用具等来防止接触。

第五，伤害、损失，是指事故造成的结果，包括人员伤亡和财物损失。

（四）系统安全理论

系统安全是指在系统寿命周期内应用系统安全管理及系统安全工程原理，识别危险源并使其危险性减至最小，从而使系统在规定的性能、时间和成本范围内达到最佳的安全程度。系统安全的基本原则是在一个新系统的构思阶段就必须考虑其安全性问题，制定并开始执行安全工作规划——系统安全活动，并且把系统安全活动贯穿系统寿命周期，直到系统报废为止。

（五）人机环协调匹配系统理论

人机环协调匹配系统理论从人的特性与机器性能和环境状态之间是否匹配和协调的观点出发，认为机械和环境的信息不断地通过人的感官反映到大脑，人若能正确地认识、理解、判断，做出正确决策和采取行动，就能化险为夷，避免事故和伤亡；如果人未能察觉、认识所面临的危险，或判断不准确而未采取正确的行动，就会发生事故和伤亡。人机环协调匹配系统理论把人、机、环境作为一个系统看待，研究人、机、环境之间的相互作用、反馈和调整，从中发现事故的致因，揭示出预防事故的途径。

二、安全管理的内容

"安全生产管理是企业管理的重要内容。"[1] 安全管理的基本对象是企业的员工，涉及企业中所有人员、设备设施、物料、环境、财务、信息等各个方面。安全管理的内容包括人身安全、设备安全、信息安全和安全管理机制四个方面。

（一）人身安全

人身安全是电力安全的重要组成部分，关系到家庭幸福和社会稳定。人身安全事故的发生，一方面使本来一个完整的、原可以幸福美满的家庭变得支离破碎；另一方面会影响其他员工的工作积极性，甚至产生不良的社会影响和政治影响，并会消耗不必要的人力、物力、财力，给国家、给企业带来经济损失。避免人身伤亡事故，是企业安全工作的首要内容，也是以人为本安全管理思想的根本要求。

（二）设备安全

企业设备价格昂贵，技术成本高。健康完好的设备是企业安全运行的物质基础和重要保证。设备落后、故障率高、事故多发等因素是影响安全生产的重要原因。对以机械设备为代表的生产工具管理，是安全管理的不可或缺的一部分。建立设备维护台账、定期维护检修、运行寿命评估等设备管理措施，有利于降低设备故障率，及时发现安全隐患。

---

①崔永青，邢立. 从《安全生产法》谈企业的安全生产管理［J］. 地质技术经济管理，2003，25（2）：58.

（三）信息安全

随着信息化建设和应用高潮的到来，信息安全问题已日益突出，并成为国家安全战略的重要组成部分。信息安全的内涵随着计算机技术的发展而不断变化，进入 21 世纪以来，信息安全的重点放在了保护信息，确保信息在存储、处理、传输过程中及信息系统不被破坏，确保对合法用户的服务和限制非授权用户的服务，以及必要的防御攻击的措施等方面，即强调信息的保密性、完整性、可用性、可控性。

（四）安全管理机制

安全管理机制是电力企业实现安全生产、创造良好的经济效益和社会效益的重要保证。建立安全管理机制包括两方面：①建立以安全责任制为核心的一整套安全保证制度；②建立全过程的用人激励机制。安全保证制度是企业针对自身特点，结合安全生产全过程而制定的一整套完整、实用、可操作性强的程序性文件，用来规范和指导具体的工作和生产过程。而全过程的用人激励机制则是来激发员工的积极性和责任感，约束员工的行为，保证各种安全生产规程及制度得到落实，从而确保安全生产的实现。

第二节 安全管理的要素与定律

一、安全管理的要素

安全文化、安全法制、安全责任、安全科技和安全投入是安全管理的要素，具体如下：

（一）安全文化

安全文化即安全意识，是存在于人们头脑中，支配人们行为是否安全的思想。对公民和职工要加强宣传教育工作，普及安全常识，强化全社会的安全意识，强化公民的自我保护意识。对管理者，要树立以人为本的执政理念，真正树立和落实科学发展观，时刻把人民生命财产安全放在首位，切实落实安全生产方针。对行业和企业，要确立具有自己特色的安全管理原则，落实各种事故防范预案，加强职工安全培训，确立安全管理理念。

（二）安全法制

安全法制，是指安全生产法律法规和安全生产执法。主要内容包括宣传《中华人民共和国安全生产法》，健全《中华人民共和国安全生产法》的配套法规和安全标准。行业、企业要结合实际建立和完善安全生产规章制度，将已被实践证明切实可行的措施和办法上升为制度和法规。逐步建立健全全社会的安全生产法律法规体系，用法律法规来规范政府、企业、职工和公民的安全行为，真正做到有章可循、有章必循、违章必究，体现安全监管的严肃性和权威性，使安全第一的思想观念真正落实到日常生产生活中。

（三）安全责任

安全责任是指企业是安全管理的责任主体，企业法定代表人、企业最高管理者是安全生产的第一责任人。第一责任人要切实负起职责，要制定和完善企业安全生产方针和制度，层层落实安全生产责任制，完善企业规章制度，治理安全生产重大隐患，保障发展规划和新项目的安全。各级政府是安全生产的监督管理主体，要切实落实地方政府、行业主管部门及出资人机构的监管责任，科学界定各级安全生产监督管理部门的综合监管职能，建立严格而科学合理的安全生产问责制，严格执行安全生产责任追究制度。

（四）安全科技

安全科技是指安全生产科学与技术。企业要采用先进实用的生产技术，组织安全生产技术研究开发。国家要积极组织重大安全技术攻关，研究制定行业安全技术标准、规范。积极开展国际安全技术交流，努力提高我国安全生产技术水平。

（五）安全投入

安全投入是指保证安全生产必需的经费。安全投入主要包括建立企业、地方、国家多渠道的安全投资机制。企业是安全投资主体，要按规定从成本中列支安全生产专项资金，加强财务审计，确保专款专用。国家和地方要支持企业的设备更新和技术改造，要制定源头治本的经济政策，并严格依法执行。

二、安全管理的定律

安全管理是企业系统管理的一部分，创造性地运用管理定律来完善安全工作理念，可降低管理纰漏给安全工作带来的各类风险，进而有效地减少伤害事故的发生次数，提升安全管理工作的绩效。在安全生产管理中，常见定理包括以下方面：

（一）帕累托定律

帕累托定律又称80/20法则，其原理是在投入与产出、努力与收获、原因与结果之间存在着一种不平衡的关系，往往是关键的少数决定事件的发展态势。在安全工作中，企业应辨识和评价危险源，按 ABC 法分类控制，来匹配相应的安全投入。帕累托定律主要内容如下：

第一，强化班组长的安全意识和安全技能，每层级按 80/20 原则来进行重点管理与控制。

第二，对易发生事故的 20% 人群进行重点管理，规范其作业行为，提高其安全素质。

第三，对少数设备与环境的不安全状态进行重点治理，以提高整体设备与环境的运行状态。

第四，充分发挥管理的能动性，运用统计规律找准事故发生的主要原因，采取相应的纠正与预防措施来改善整体安全工作状态。

在考核时应本着 80/20 法则来配置责权利的关系，控制关键的少数可以取得事半功倍的管理效能。

（二）酒与污水定律

酒与污水定律是指一杯酒倒进一桶污水，得到的是一桶污水，而把一杯污水倒进一桶酒中，得到的还是一桶污水。在企业安全管理工作中，往往存在极少数的"三违"（违章指挥、违章作业和违反劳动纪律）人员，这部分人员会起到连锁性的示范效应，进而直接影响其他人员的作业行为，弱化了安全管理方案和措施的有效落实，具有很大的破坏力。对这部分人员实行亮牌警告（亮黄牌或亮红牌），若效果仍然不明显，应及时将其解雇，以提高安全管理工作在各层面的执行能力。同时，企业各层级管理者应注重自身的素质培养，起到正面示范作用，在潜移默化中提高安全管理工作的质量。

（三）木桶定律

一只木桶能装多少水，不是取决于最长的那块木板，而是取决于最短的那块木板，这就是木桶定律。由此而演绎出的弱项管理概念。在安全管理工作中，应实施弱项管理，识别影响安全工作的主要原因或薄弱环节，集中优势资源加以改进，对企业发生的事故案例进行剖析，从中吸取经验和教训。同时，应对间接事故案例进行分析，从中找出安全工作中存在的差距和问题，及时进行纠正与整改。在改进的过程中又会出现新的短板或弱项，对此应本着持续改进的管理思想，来使企业的安全管理水平呈现出螺旋式上升的良好态势。

（四）蝴蝶效应定律

蝴蝶效应定律是指微小的起因加之相应因素的相互作用，极易产生巨大的和复杂的现象，也就是说一个微小的事件容易连锁造成极大的事故。因此，在安全管理工作中企业应注重细节管理，建立健全动态跟踪与考核管理体系，在领导重视、全员参与的基础上真正务实地做到防微杜渐，将事故消除在萌芽状态之中，将危险源控制在受控状态。安全工作无小事，企业安全管理应该从抓细节入手，进而以点带面来提升企业的整体安全管理水平。

（五）热炉定律

热炉定律是指当人要用手去碰烧热的火炉时，就会受到烫手的处罚。每个企业在进行安全管理工作时都有相应的规程和规章制度，任何人触犯了这些条款都应受到相应的惩戒和处罚。企业要完善安全管理方面的有关文件，对所有规范原则应严格执行，对实施效果应进行全方位评价。根据热炉定律，应先警告后立即处罚，制度条款面前人人平等、不搞特殊化，保证员工现场作业规范化和标准化，进而减少事故的发生。

（六）250 定律

250 定律是指人的影响行为是相互的，一个人的影响面大致为 250 人。对此，在安全管理工作中，应抓好正反两面的典型，充分运用舆论宣传工具来进行宣传与贯彻，如开展现场安全教育，以一个人的直接经验与教训来教育更多群体，来达到以点带面的管理成效。

（七）5S 活动定律

5S 是指整理、整顿、清扫、清洁和素养，5S 活动的对象是现场的环境，它是对现场作业环境进行全局、综合的考虑，并制定可行的计划与措施，以便达到规范化管理的目的。事故致因理论认为事故是由人的不安全行为、物的不安全状态和管理因素相互作用而引发的小概率事件，现场作业环境有时也是诱发事故的主要因素。因此，企业应按照 5S 管理定律对现场作业环境进行规范管理，消除现场作业环境的危险源，以减少职业伤害，降低职业伤害损失。

（八）水坝定律

筑建水坝意在阻拦和储存河川的水，因为必须保持必要的蓄水量才可以适应季节或气候的变化。企业应建立调节和运行机制，确保企业长期稳定发展。企业在安全管理工作中，应营造良好的安全管理氛围，建立和完善相应的安全管理制度，并强化安全过程动态监督与考核，对危险源进行不定期辨识和评价，以期达到控制事故的目的。安全管理应推进细节化管理，通过管理人员细致的工作来预测和预防事故。同时，企业各层级管理者应对安全工作给予足够的重视，在全员广泛参与基础上，达到人人管安全、人人学安全、人人会安全的管理环境。

（九）骨牌定律

骨牌定律是指事故的发生都是各因素相互作用的连锁反应，若中止其中的一个骨牌，事故便能得到有效的抑制。在进行管理工作时，应预测分析危险源的危害性，确定控制危险源的方案和措施，动态地进行跟踪管理，其中控制人的不安全行为和增强人的安全意识是投入相对节省的途径。因此企业应不定期组织各种形式的安全培训工作，开展多种形式的安全教育活动，并以取得的效果进行评价分析，进而实现企业安全工作整体目标。

（十）螺旋定律

螺旋定律是指企业的安全管理工作像螺旋一样不断提升档次和水平。本着持续改进的管理思想，不断对存在的显在和潜在危险源进行有效控制，从人、机、料、法、环等方面不断进行事故的预知和预防工作，广泛开展全员性的安全合理化建议活动，充分动作奖惩机制对安全工作进行激励或约束，使安全管理工作呈现出螺旋式上升的良好态势，兑现企业的安全承诺，减少人身伤害事故给企业带来的不良损失。

第三节　安全管理的体系构建

"安全第一、预防为主、综合治理"是企业的安全工作方针。安全是一项复杂的系统工程，是一项法规性、政策性和技术性很强的工作，涉及企业的方方面面，企业要建立和完善"大安全"体系，实施"全面、全员、全过程、全方位"安全管理。安全管理体系主要包括安全责任制、安全保证体系和安全监督体系。安全保证体系对业务范围内的安全工作负责，安全监督体系负责安全工作的综合协调和监督管理，两个体系的协调配合工作，是电网企业安全的保障。

一、安全责任制

安全是一项复杂的系统工程，它涉及各类人员、各个生产岗位、各个环节。只有每个人、每个岗位、每个环节都做到了安全，才能保证整个系统的安全。安全生产责任制是企业岗位责任制度的重要组成部分，也是企业管理中的一项基本制度，是企业所有安全规章制度的核心。

（一）安全责任制的内涵

安全责任制是按照"安全第一、预防为主、综合治理"的方针，根据"谁主管、谁负责"原则，坚持"管业务必须管安全"，对各级领导、各部门及各岗位员工在工作中应做的工作和应负的安全责任、相应的权限，做出具体而又明确规定的一种管理制度。

安全责任制的内容就是各级行政正职是本单位的安全第一责任人，对本单位安全工作和安全目标负全面责任；各级行政副职是分管工作范围内的安全第一责任人，对分管工作范围内的安全工作负领导责任，向行政正职负责；总工程师对本单位的安全技术管理工作负领导责任；安全总监协助负责本单位安全监督管理工作。各部门、各岗位应有明确的安全管理职责，做到责任分担，并实行下级对上级的安全逐级负责制。

安全责任制实行上级单位对下级单位的安全责任追究制度，包括对责任人和单位领导的责任追究。在公司系统内部考核上，上级单位为下级单位承担连带责任。安全责任制尤其强调各级管理者的责任。安全责任制是否真正地建立并执行，关键取决于各级管理者的思想认识。如果管理者对安全的认识明确，就能切实负起安全责任，教育和带领职工群众搞好安全。

（二）安全责任制的作用

第一，安全责任制的实行，有利于企业各类人员之间的分工协作，有利于上级对下属的领导和检查，更能使群众实施有效的监督。

第二，能充分调动各级人员和部门在安全方面的积极性和主观能动性，提高全员对安全工作极端重要性的认识，对预防事故和减少损失，建立和谐企业安全文化具有重要作用。

第三，通过把安全责任落实到每个环节、每个岗位、每个人，能够增强各级管理人员的责任心，使安全管理工作既做到责任明确，又互相协调配合，共同努力把安全工作落到实处。

第四，防止安全口号化、形式化以及相互推脱的现象发生，有效地增强企业全体员工搞好安全的自觉性和责任感。

（三）安全责任制的要求

企业在实际工作中，落实好安全责任制必须从以下方面着手：

1. 制定安全责任目标

安全责任目标的制定是落实好安全责任制的首要问题，安全责任目标不但是落实安全管理责任开始的标志，而且决定整个安全管理过程的进行。要落实好安全责任制，首先要制定切实可行的安全责任目标。制定安全责任目标要按照逐级控制的原则，在企业内部自上而下签订各级人员的安全责任目标。安全目标制定得不能过高，过高往往会挫伤员工的积极性，使得安全责任虚化；过低使员工感觉不到压力，不能真正发挥工作积极性，使得安全责任弱化。

2. 落实岗位安全职责

安全职责就是把安全责任落到实处的具体行为规则。所有岗位都要编制安全职责。不同级别、不同岗位的安全职责是不同的，这是因为"三级控制"中每一级的安全目标和控制责任不同，每一级的控制责任都和该级所处的地位、所管辖的工作（设备）范围、所具有的权利紧密相连。因为地位不同、权利大小不同，因而应尽的安全职责也不同。"三级控制"工作要求每一级管理人员根据不同的岗位都要编制出相应的安全责任，使安全责任与职务、责任对应起来，以便在安全管理过程中抓好和做好与本岗位相关的安全控制工作。制定岗位安全职责的要求如下：

（1）结合本职工作，编制安全职责。结合本岗位的业务内容，编制出与本岗位相适应的安全责任。要使员工清楚，为了电力安全生产，本职本人该做什么。例如，根据法律规定，生产经营单位应当具备国家标准规定的安全生产条件，单位的主要负责人要保证本单位的安全生产投入，用于完善安全生产条件，配备劳动保护用品，确保安全生产。因此，安全第一责任人或主管安全的领导就有采用安全技术和及时决策更换老旧设备设施、工器具等并批准相应资金的安全职责。

（2）严格依照规程规定，编制安全职责。领导者、管理人员、作业人员在决策、计划、采取安全控制措施或进行操作、作业时，虽然部门不同、岗位不同、具体实际工作内容不同，但都必须执行法律法规规定的企业和工作人员必须遵守的行为规则，依法行事，在完成工作任务的同时必须严格执行相关的规程、规定，制定本岗位的安全职责。实际工作时，则要根据具体工作任务找到相关规程或规定来指导具体的行动，保证做到遵章指挥、遵章操作。

（3）依照规律，编制安全职责。安全保证体系和监督体系的每一个成员，要结合岗位工作职责，从专业、管理、监督等角度编制安全职责。通过寿命管理和实际工作体会，掌握生产系统、设备、设施、安全器具从开始投入运行到发生异常、事件、事故的规律及其主要影响因素，按规律办事，运用可靠经验提前做好预防事故的控制工作，制定安全职责，以此维护设备健康，保持安全管理的可控局面。

（4）吸取事故教训，加强安全职责。要充分借鉴本单位和其他单位的事故教训，认真联系本单位的实际，联系本岗位工作职责范围，把预防同类事故重复发生的责任补充进去，完善本岗位的安全职责。要把相关的、具体的反事故措施，结合每项工作实际，及时补充到本单位或本岗位的反事故措施中去。对照上述编制岗位安全职责的原则和要求，凡是不符合要求的或缺少的，都要认真修订补充。这是执行"安全第一、预防为主、综合治理"方针，并实行制度化管理的基础工作，是对员工进行安全业绩考核的重要依据。

3. 签订安全责任书

为保证公司系统员工人身安全和健康不受危害，保证设备安全，安全责任制要求各级领导、管理人员、作业人员及所有员工都要落实安全责任，安全保证体系和安全监督体系都要发挥有效的作用，保证安全目标的实现。安全责任书就是把履行安全法定责任，以保证书（或承诺书）的形式确定下来。安全责任书的内容包括：①明确要实现本单位或本级的安全目标；②本层级（或本部门、本岗位）认真履行安全职责的承诺；③为实现安全目标的各项安全管控工作，按照岗位职责规范应做的本人职责范围内的工作。

4. 进行监督与考核

为切实将安全责任落到实处，一定要做好安全责任的监督与考核。每个部门、每个员工在工作过程中，完成岗位工作职责的同时，必须认真履行本岗位的安全职责，做好各项安全控制工作，直接对安全负责。这是安全保证体系和监督体系有效运作的要求和体现，也是安全责任制的要求。每一级安监机构及安监人员，在职责范围内要加强对各级领导、管理人员、作业人员执行规章制度和履行安全职责的有效监督，确实履行安全职责，努力做好安全控制工作。此外，要做好落实安全责任的激励工作，依据安全工作奖惩规定，对在日常安全工作中履职尽责、恪尽职守的人员进行奖励，对不认真履行安全责任的进行处罚，年终要对实现安全目标的单位、集体和个人进行奖励，以此来有效激励员工落实好安全责任制。

二、安全保证体系

（一）安全保证体系的内涵

为了做好全面、全员、全过程、全方位安全管理工作，把从事企业安全管理的有关人员、设备、管理制度进行有机组合，并使这种组合在企业生产的全过程中合理地运作，形成合力，在保证安全的各个环节上发挥最大的作用，从而在保证安全运行的同时，实现安全效益最大化，这种组合就是安全保证体系。安全保证体系的根本任务包括：①造就一支高素质的职工队伍；②提高设备、设施的健康水平，充分利用现代化科学技术改善和提高设备、设施的性能，最大限度地发挥现有设备、设施的潜力；③不断加强安全管理，提高管理水平。

（二）安全保证体系的要素

安全保证体系包含三个主要因素，即人、设备、管理方法。

第一，在企业中建立有效可靠的安全保证体系，首先要抓住人这个主体因素。企业的所有活动都是通过人的行为去完成。人在企业的经营活动中占有十分重要的地位，安全管理又是企业的核心业务。因此，安全管理工作之一就是抓好人的管理。

第二，设备健康水平的高低是直接影响设备安全和人身安全的物质基础。在一定意义上，仅仅依靠对人的行为的规范和管理存在管理极限，如果没有相应的物质基础做支持，安全管理工作的水平会出现波动。

第三，规范人在生产活动中的行为，保证人与设备之间正常运作的必要手段是规程制度和管理方法。管理手段和方法把人和设备有机串联在一起，并使之合力最大化。

（三）安全保证体系的组成

企业安全保证体系由决策指挥、规章制度、技术管理、设备管理、执行运作、职工教育等六大保证系统组成，具体如下：

1. 决策指挥保证系统

决策指挥保证系统是安全保证体系的核心，在整个保证体系中起到至关重要的作用。决策指挥保证系统通过决策者正确指挥、建立以安全第一责任者负总责的安全责任制体系、实施严格考核手段，发挥激励机制起到安全保证体系的总领作用。

决策指挥保证系统的主要功能是根据国家和上级安全生产的方针政策、法律法规，制定企业安全、环境、质量方针和目标，健全安全责任制，对安全生产实行全员、全面、全方位、全过程闭环管理，发挥激励机制作用，保证安全经费的有效投入，重视员工的安全教育，审核批准企业安全文化创建方案和目标等。决策指挥保证系统的主要任务包括以下方面：

（1）负责组织健全安全责任制体系，对安全生产实行闭环管理。

（2）负责组织制定并监督实施安全目标管理和考核工作，每年初应根据企业经营总目标，制定年度安全工作目标和实现安全目标的措施。通过安全目标和实施措施的分解与展开，形成安全目标三级体系。

（3）制定相应的实施措施，约束员工的行为。

（4）负责组织制定企业安全生产文化建设的方案和目标。

2. 规章制度保证系统

规章制度保证系统是安全保证体系的根本。要实现安全管理、避免事故发生，就必须认真执行各项安全生产规程、标准和制度。只有长期严格地执行，才能形成安全生产制度化、法治化管理的局面。

规章制度保证系统的主要功能是加强技术监督和技术管理，应用、推广新的技术监测手段和装备，落实安全技术和劳动保护措施计划，改进和完善设备、人员防护措施。规章制度保证系统的主要任务包括以下方面：

（1）制订以保人身、电网、设备、信息安全为主题的长期技术进步规划和近期计划，从而有计划地对老旧设备进行技术改造，解决危及人身安全、电网安全、设备安全和信息安全的难题。

（2）积极探索安全工作新方法，不断改进安全工器具和安全设施，提高安全工作水平。把传统的安全工作经验与现代的管理方法很好结合起来，建立安全生产的新机制，为实现安全生产创造良好的条件。

（3）按照安全管理思想要求对运行管理和维护检修工作进行严格管理，开展标准化作业，时时事事都按规范化、标准化、程序化的要求进行工作。

3. 技术管理保证系统

技术管理保证系统是安全保证体系的重要组成部分，该系统通过加强技术监督与技术管理，采用先进的科技手段，加大科技进步力度，发挥技术管理的重要作用。同时，还要通过安全技术和生产技能水平的提高，切实有效地保证人身、设备安全。

技术管理保证系统的主要功能是建立和完善企业的各项规章制度，实行安全生产法治化管理，从严要求、从严考核。技术管理保证系统的主要任务包括以下方面：

（1）完善适合企业安全生产需要的各项规程制度，认真贯彻执行国家和上级颁发的各项法律、法规。必要时应结合企业的具体情况制定实施细则或补充规定，从而实现安全生产制度化、法治化管理。

（2）坚持从严要求、从严考核，保证执行规程制度不走样。在贯彻执行规程制度上，一方面，通过各种有效的教育培训，提高职工执行规程制度的自觉性和法治观念，严防"有法不依、执法不严"的现象；另一方面，坚持一切从严、一贯从严的原则，在制定规程制度的同时，要制定相应的考核办法和实施细则，严格要求、严格考核，从而形成良好的安全生产约束机制。

（3）认真执行"四不放过"。对一切事故和不安全现象都要按"四不放过"的规定，进行调查分析，找出原因，吸取教训，落实防范措施。

4. 设备管理保证系统

设备管理保证系统是安全保证体系的重点，企业设备管理是保证安全的重要基础。设备管理保证系统通过有计划地对设备进行升级改造、落实反措计划、强化设备管理、提高设备完好率、加强可靠性管理、提高系统安全稳定运行水平来实现安全管理目标。

设备管理保证系统的主要功能是加强设备管理，不断提高设备安全运行水平；强化设备缺陷管理，提高设备完好率；落实反事故措施计划，保证设备安全运行；应用新技术、新设备、新工艺，提高设备装备水平。设备管理保证系统的主要任务包括以下方面：

（1）加强设备管理，不断提高设备的安全运行水平。设备状况完好是企业实现安全生产的重要物质基础。设备状况完好不只是保证设备安全，也是保证人身安全的重要基础。因此，企业要建立以运维检修部门为主体，有关部门、人员参与的管理网络，实施设备的全过程管理，保证设备安全运行。

（2）强化设备缺陷管理，尽快消除隐患，提高设备完好率。设备管理中的一个重要环节是设备缺陷管理，要建立以技术监督数据为依据，以可靠性统计分析为补充，以发现缺陷为重点，以及时消除缺陷为目的的设备缺陷管理体系。在编制安全技术措施计划、反事故措施计划和大修、更新、改造计划时，要充分考虑事故发生的规律，把威胁安全的设备缺陷和隐患列入计划，提高设备的健康水平。

5. 执行运作保证系统

执行运作保证系统是安全保证体系的基础。该保证系统处于生产的最前沿、管理的末端，无论是正确的决策，还是先进技术装备的应用，都必须通过执行运作保证系统来落实。执行运作保证系统通过建立班组安全生产运转机制、实施标准化作业、严格现场管理、开展安全生产技术培训、提高技术水平和防护能力来保证各项安全措施和规章制度实施和有效落地。

执行运作保证系统的主要功能是加强班组建设，健全班组规范化安全管理机制；实行规范化、标准化、程序化管理，提高运行检修工作质量；严格现场管理，强化安全纪律，有效治理作业性违章；开展安全技术、业务技能培训，提高员工技术水平和防护能力。执行运作保证系统的主要任务包括以下方面：

（1）坚定不移地在实际工作中落实各项规章制度，并把规章制度在班组层面上细化、具体化、实用化。

（2）安全生产实行规范化、标准化、程序化管理，提高运行与检修工作质量。运行管理、检修作业以及设备标志、记录图表、技术档案、备品配件、环境整洁等都应有统一的标准和要求。

（3）加强班组建设，筑牢安全生产第一道防线，为保证安全生产必须建立稳固的基础。

6. 职工教育保证系统

思想政治工作和职工教育保证系统是实现党、政、工、团齐抓共管的安全管理理念的重要载体。通过对职工开展安全思想教育、安全文化建设和安全意识培养及培训，切实养成职工在生产现场自觉遵章守纪的良好道德规范，从而实现安全由"要我安全"到"我要安全"直至"我会安全"的安全目标。

总之，在企业安全保证系统中，安全保证体系的有效运转，要充分发挥各系统保证作用，必须通过对各要素的有效管理，把管结果变为管因素、管过程，从而建立起适应企业发展的保证机制，形成集约化管理保证体系。安全保证体系强化细化的核心点在于突出以人为本的管理思想，强调手段、方法的现场效应和作用，使安全处于受控、在控状态。

职工教育保证系统的主要功能是负责领导干部安全思想、安全纪律教育和考核，针对企业安全生产工作组织有针对性的竞赛和宣传活动，开展职业安全和健康监督、检查，进行员工爱岗敬业教育、职业道德教育、安全知识教育、岗位技能培训、考试及竞赛等工作。该系统的主要任务包括以下方面：

（1）开展职工安全思想教育和企业安全文化建设。

（2）组织党、团员积极参加安全活动，发挥模范带头作用。

（3）不断改进培训方法、丰富培训内容，提高职工安全技能。

三、安全监督体系

按照安全监督制度的要求，在企业安全第一责任人负总责的前提下，企业内部建立自上而下安全监督组织机构，通过各项完善的安全监督制度进行整体运作的安全监督管理机制称为安全监督体系。

（一）安全监督体系的功能

1. 内部与外部监督

企业实行内部安全监督管理制度，各级安全监督管理机构业务上受上级安全监督管理机构的领导，机构的资质及人员的资格接受上级安全监督管理机构的审查。企业的安全除接受公司系统的内部监督外，还要接受监管部门的监督、接受所在地政府有关部门的监督。例如，安全生产监督管理局，对企业的安全工作进行监督管理，有调查处罚权，负责根据政府工作安排组织对企业安全进行监督检查；经济和信息化委员会，对企业生产业务进行管理，同时包括安全生产，负责根据政府工作安排组织对企业进行监督检查。

2. 常规与专项监督

常规监督一般是各单位组织开展季节性的安全大检查、安全性评价和一系列安全活动，对各单位的安全管理情况进行常规的、全面的检查。专项监督结合各项重点工作推进情况，例如主多分开、专项工作推进等，组织开展对基层单位专项安全检查，检查重点比较集中，比较突出。常规检查声势宏大，氛围浓厚；专项检查重点突出，强调实效，但检查内容较为单一，影响范围比较有限。

3. 日常和应急监督

日常监督是指在非应急状态下开展安全监督工作，判定标准为应急处置单位是否启动应急响应。应急监督是指当启动应急响应有应急处置的时候，一般有重大事情发生，紧急情况下，人的精神容易紧张，安全风险更大，更容易发生次生事故。因此应急处置过程中的安全监督更突显其必要性。

（二）安全监督体系的任务

1. 安全监督的基本任务

安全监督的基本任务包括以下方面：

（1）根据"安全第一、预防为主、综合治理"的方针，监督、检查国家和上级有关安全的法规、标准、规定、规程、制度的贯彻执行。对被监督对象的协议、合同中涉及安全方面的内容实行监督。

（2）对本企业发生的人身、电网和设备事故，在规定职权范围内，进行调查并提出处理意见，按规定向上一级安全监督机构报告情况。

（3）协助企业领导开展现场安全监督工作，组织各种安全活动，共同保证设备的安全运行及生产过程中的人身安全。

2. 安全监督的具体任务

在日常工作中，安全监督的具体任务主要包括以下方面：

（1）贯彻执行国家和上级单位有关规定及工作部署，组织制定本单位安全监督管理方面的规章制度，督促其他职能部门开展安全性评价、隐患排查治理、安全检查和安全风险管控等工作，积极探索和推广科学、先进的安全管理方式和技术。

（2）监督本单位各级人员安全责任制的落实，监督各项安全规章制度、反事故措施、安全技术劳动保护措施和上级有关安全工作要求的贯彻执行。将安全责任制落实到每个环节、每个岗位、每个人，是企业能否保证安全的关键，因此监督检查责任制的落实是安全监督的一项重要内容。监督检查有关安全规章制度的贯彻执行，是安监人员的一项主要职责。各级安全监督人员应监督各项安全规章制度、反事故措施、安全技术劳动保护措施和上级有关安全工作指示的贯彻执行，及时反馈在执行中存在的问题并提出完善修改意见，向上级有关安全监督机构汇报本企业安全情况。

（3）对人身安全防护状况、设备、设施、信息安全技术状况、环境保护状况的监督检查中发现的重大问题和隐患，报请主管领导，并及时下达安全监督通知书，限期解决。安监人员要经常深入现场，监督涉及设备、设施安全的技术状况，涉及人身安全的防护状况。具体来讲，就是要监督检查设备的技术状况、运行工况、检修作业中的安全措施和人身防护措施，制止违章作业、违章指挥。对严重威胁设备和人身安全的隐患要及时向上级汇报并下达安全监督通知书，要求限期整改，并向主管领导报告。

（4）监督建设项目安全设施与职业卫生设施"三同时"（与主体工程同时设计、同时施工、同时投入生产和使用）执行情况，监督劳保用品、安全工器具、安全防护用品的购置、发放和使用。凡是新建、扩建、更新、改造工程以及重大的技改项目，都必须有保证安全和消除有毒、有害物质的设施。这些设施都要与主体工程"三同时"，即同时设计、同时施工、同时投产，不得削弱。

劳保防护用品是在劳动过程中必不可少的生产性装备，在一般情况下，使用个人防护用品只是一种预防性的辅助措施，但在某些条件下，如果劳动条件差，危害因素大，往往又成为主要的防护措施，因此不能被忽视。安全工器具是劳动者在生产过程中必须配置的、确保人身安全的最基本的工具。对于这些物品，安监部门应在采购、选型等方面做定点或定向的指导，严把质量关，要监督采购部门不得购置"三无"产品，并监督正确使用，定期做预防性试验及按规定淘汰更新。

（5）监督安全培训计划的落实，组织或配合开展相关安全规程的考试工作。生产人员的思想和技术素质与确保安全有直接关系。因此，安监机构和人员要监督各项生产培训工作的开展，组织或配合进行相关安全规程的学习与考试及反事故演习等工作。

（6）参加和协助本单位领导组织事故调查，监督"四不放过"（事故原因未查清不放过、责任人员未处理不放过、整改措施未落实不放过、有关人员未受教育不放过）原则的贯彻落实，完成事故统计、分析、上报工作并提出考核意见；对安全做出贡献者提出给予表扬和奖励的建议或意见。

对企业发生的设备和人身事故，安全监督人员要根据相关规定，在有关领导的直接领导下，并由各有关专业人员参加，积极协助做好事故调查工作。在调查过程中，必须广泛听取各方面意见，保护事故现场，实事求是，严肃认真，以规程制度为准绳，坚持原则，秉公办事，真正做到"四不放过"。在调查分析的基础上，明确各类责任（包括领导责任），提出处理的建议。

对安全做出贡献者，提出表扬和奖励的建议，建立安全激励机制。掌握正激励与负激励相结合的原则，即奖励和处罚相结合的原则。利用企业安全文化来促进员工安全思想素质的提高。

（7）参与规划、工程和技改项目的设计审查、设备招投标、施工队伍资质审查和竣工验收以及有关生产科研成果鉴定等工作。安监部门要参与这些工程的设计审查和竣工验收工作。对规划、设备、材料、技术、装备、劳动条件、运行操作、安全设施、防护措施等，凡不符合规定的，应提出意见要求解决。对外包工程，要建立承、发包工程和外委业务管理制度，规范管理流程，明确安全工作的评价考核标准和要求。严格审查承包方的资质和条件，严格控制承包单位的承包范围，安全协议中应具体规定发包方和承包方各自应承担的安全责任和评价考核条款，并由本单位安全监督管理机构审查。安监人员要进行重点的监督、检查，发现问题，及时纠正。

（8）做好安全资料的积累工作。积累好历年的安全资料，是安监人员须做好的重要基础工作。积累的资料包括历年、历月发生的事故、事件及严重未遂事故资料；历年的安全大检查资料；安全技术劳动保护措施计划、反事故措施计划资料；安全奖惩资料和各类生产人员考试资料；本企业使用的各种规章制度；上级有关安全的方针、政策、指示、通报等。资料积累要做到准确、齐全，便于随时使用。

（9）组织开展好各项安全例行工作。安全例行工作主要包括安委会、安全例会、班前会和班后会，安全活动、安全检查、反违章工作、安全简报等。这些工作，安监部门都要按规定认真组织，积极开展。

（三）构建立体的安全监督

立体安全监督立足现代安全风险理论和技术发展水平，对安全监督手段进行有效传承和创新。立体安全监督主要包括以下方面：

第一，监督人员到位。通过构建立体化安全监督体系，落实各层各级安全监督人员的配置，强化其在安全工作中的安全监督职责，明确其安全监督工作标准，切实实现人员到位、责任到位和思想到位。

第二，工作标准规范。立体化安全监督体系完善后，安全监督要涉及规划、基建、运维、检修、营销和其他等各个专业，从各专业管理流程的发起开始介入，从根源上防控生产安全风险，要结合每个专业、各个环节制定明确、规范的监督工作标准。

第三，作业现场覆盖。立体化安全监督体系建成后，要覆盖到公司系统所有的作业现场，包括基建、技改、农网、营销和操作现场，确保每个现场都有人监督，并且知道如何监督。

第四，监督技术领先。立足于安全监督管理的实际需求，着眼于先进科学技术的推广应用，将立体化安全监督体系构建在技术领先、运转高效和方便实用的基础之上，使其具备一定的先进性。

第五，安全管理闭环。建立各单位的安全档案，结合各类安全检查和评价，对各单位存在的不安全的问题进行记录，督促其制定整改措施，实行安全管理的闭环跟踪，对安全检查中查处的问题实行跟踪督查。

第二章 电力安全生产管理与应急处理

第一节 电力安全生产管理及其影响因素

一、电力安全生产管理的认知

(一) 电力安全生产管理的内涵

"电力安全是整个电力企业工作中的重点也是难点，电力的安全不仅对于电力企业本身的社会信誉和经济效益有着决定性的作用，更关乎人民群众的生产生活和国民经济的发展。"① 安全生产管理是针对人们生产过程的安全问题，运用有效的资源，发挥人们的智慧，通过人们的努力，进行有关部门决策、计划、组织和控制等活动，实现生产过程中人与机器设备、物料、环境的和谐，达到安全生产的目标。安全生产管理的目标是，减少和控制危害，减少和控制事故，尽量避免生产过程中由于事故所造成的人身伤害、财产损失、环境污染以及其他损失。安全生产管理包括安全生产法制管理、行政管理、监督检查、工艺技术管理、设备设施管理、作业环境和条件管理等。

(二) 电力安全生产管理的特征

安全生产管理本质上是一种主观的人为管理活动，其管理的最终目的是与企业的战略方向保持一致。根据企业发展需要，对企业生产的各个环节实行管理与优化，排除安全隐患，帮助企业稳定发展。安全生产管理特点包括以下方面：

1. 人为参与性

人为参与是所有管理活动最普遍、最典型的特点，企业安全生产管理也不例外。整个

---

①熊炬．加强电力安全生产管理的对策［J］．煤炭技术，2013（10）：56.

管理过程都由人的主观参与，从宏观的管理制度，到具体的管理手段、落实、奖惩方面，都离不开人的干预与执行。而且这种管理活动的最终效果，往往也会受到不同参与人意识形态和技能水平的影响。随着社会发展，现代企业的很多管理都实现了规范化，这一定程度上可能会降低人为参与的影响，但制定规范和实行规范的过程其实也需要人的参与。

2. 发展变化性

人为参与性的基本特点决定了企业安全生产管理必然具有发展变化性的特征。因为参与安全生产管理活动的人在不断变化，参与人的意识形态、思维模式、知识体系、技能水平也在不断发展。从管理角度而言，很多的管理办法、管理理论也都在随着时代的发展而变化，这种变化往往是从企业的实际需求出发的，因此企业发展前进的步伐必然会带动生产管理内容和模式的不断变化。

3. 执行强制性

企业安全生产管理需要规范化、制度化，为了保证相关制度的落实效果，避免安全生产管理活动流于形式，安全生产管理就必须具有执行强制性。很多安全事故或者危害的发生原因就是操作过程的不规范，企业要通过管理手段，利用监督考核的机制手段去消除这种不规范，从根本上降低安全事故发生的概率，因此安全管理本身就要具备强制性。尤其对电网企业而言，安全生产的重要性尤为突出，因此对于安全生产管理相关的规章制度、技术规范、考核考评、安全培训等多方面的形式手段，都要依据相关安全生产管理准则强制执行，确保企业的安全生产管理活动能够得到有效的执行和落实。

4. 效益驱动性

绝大多数企业运营的目的都是产生价值，这种价值可能是实质性的物质价值，也可能是更高层面的精神价值。对电网企业而言，其生产运营的目的除了创造经济价值之外，还有维持社会稳定、推动区域发展等诸多层面。为了保证达到企业产生价值的目的，企业要重视安全生产管理方面的投入，要明确这种投入是保证企业产生效益、维护社会安全稳定供电的先决条件，换言之，保证企业生产安全管理有效执行也是为了企业经营发展效益、社会稳定发展大局而服务的。企业注重安全生产管理，要求全面排除隐患、保证生产安全，能够有效避免负面事件带来的损失，从而保证企业效益和履行社会责任。对企业管理者而言，要将安全生产管理看作增加企业效益的重要手段，以此提升企业的生产效率和综合实力。

（三）电力安全生产管理的内容

企业注重自身安全生产管理，可以最大限度地排除隐患，从而保证生产效率。对企业而言，不论是用于生产的原材料、设备工具，还是企业的员工、工作环境，每个环节都要进行安全管理，以保证在安全的前提下进行工作。电力商品与传统商品有很大区别，电网安全生产管理主要包括以下内容：

1. 电网安全生产管理

电力行业是典型的公用性质行业，电力从产生到送达，都具备同时性，这就导致了电力行业一旦出现事故，其发生速度快、辐射范围广，造成的损失与影响也很大。大型电网事故不仅会给企业带来打击，甚至还会影响区域稳定，对一个国家或地区的经济、政治都造成影响。大面积断电会直接导致工厂停产、医院停业、交通瘫痪等不良影响，长期断电或者长期不稳定的电力供应，还有可能造成该区域居民的不满，形成严重的人口流失。宏观上来讲，电网是否安全，将牵扯到人民是否安稳、国家是否稳定等重要国计民生问题。

2. 人身安全生产管理

电力的生产可以分为很多不同的类型，比如传统的火力发电、风力发电、水力发电，以及通过聚变与裂变等原理实现的核能发电等，电力的输送手段与途径也复杂多样，其输送终端基本涵盖了日常生活中的各行各业，一旦出现不安全事故，极有可能造成人员伤亡。一些十分依赖电力的行业，比如很多高空作业、机械操作岗位、高温高压环境下的工作，一旦电力供应出现问题，也有可能对这些行业的工作者造成伤害。

3. 设备安全生产管理

电力行业是技术指向型行业，同时也是资金指向型行业。日常生产与运营中的一些设备往往成本高昂，如果因为事故对设备造成损坏，其维修或者重新购买往往也需要大量资金，直接降低企业利润。另外，在一些特殊条件下，设备损坏也可能会对员工人身安全造成威胁，所以对电力行业来说，设备安全问题同样不容忽视。

总之，对电力行业来说，安全生产管理主要是针对设备、人身、电网三方面开展管理，通过管理手段实现设备运维水平提升、人身安全有效保障、电网安全稳定运行。一旦在这些层面发生不安全事件，不仅会给企业自身带来巨大的经济损失，同时对于社会稳定甚至国家安全都可能造成巨大影响。电力企业应该充分重视安全问题，在保证自身安全性的前提下，安全开展工作、稳定谋求发展。

二、电力安全生产管理的影响因素

提升安全生产管理水平，对安全生产工作进行管理和控制，充分利用现有资源，发挥人民智慧，通过科学决策、周密计划、合理组织，可有效预防风险，降低安全生产事故发生概率，实现生产过程中的人、机器、物料与环境的和谐，达到安全生产的目的。其最终目标就是减少和控制危害，避免生产过程中对人身、财产、环境造成损失。电力安全生产管理的影响因素主要包括人员、机器、物料、方法以及环境。

（一）人员因素

所有的生产活动都是以人的行为为主体进行的。规章制度需要人遵守，机械设备需要由人掌控，先进的技术由人应用。人员因素影响处于核心地位，人又是安全生产事故的直接受害者。

很多安全事故的发生是因为作业人员安全意识薄弱，存有侥幸心理，没有按照相应从业规范进行操作。比如部分高处坠落事故的发生是因为作业人员没有按照安全规程要求悬挂安全带，自身存在侥幸心理。安全操作规程是经历反复斟酌、无数现场实践检验的规范化行为，预先消除了错误操作带来风险。盲目自信，漠视安全操作规则，不执行作业规范，会增加作业风险。

客观认知能力有限，技能水平不能满足要求也是导致安全事故多发的诱因。能力的欠缺为生产活动埋下安全隐患、业务技能不能正确指导作业行为、认知上的不足导致对风险视而不见，最终结果就是对可能出现的风险无法预防。安全生产管理不但需要专业的技术知识，更需要科学的管理方法，这点在技术密集型企业生产活动显得尤为重要。

（二）机器因素

发电过程极为复杂，牵扯众多环节，在投入大量人力的同时，现代化的机械设备必不可少。小到二极管、螺丝钉，大到变压器、输电铁塔等重型设备，所用机器不计其数。大量的使用机器可以大大提高生产效率，但在带来便利的同时也蕴藏着安全隐患，任何一个元件都有一定概率工作异常，系统越复杂，元件越多，发生风险的概率就越大，风险被逐级放大。良好的设备管理可以提高机器设备工作的可靠性，延长使用寿命，在节约经济成本的同时，降低设备异常带来的事故风险。如果设备存在工艺水平不高、结构不合理、存在设计缺陷等问题，会导致安全隐患，进而在特定的条件下，诱发安全生产事故，甚至导致事故扩大。

任何机械设备都有合理的使用寿命，在寿命期内也存在出现故障的可能，对于对设备协同运转的复杂系统，能否正常工作往往取决于寿命期短，易发生故障的部件。良好的设备维护与保养，及时处置设备出现的工作异常，做好定期检查工作，可以最大限度地保障设备的可靠性。

（三）物料因素

电力企业属于高危险行业，实际生产过程中多接触有毒有害的化学品、高温高压的水蒸气、可击穿空气放电的高电压以及油、气等易燃易爆危险品等。在执行严格操作规范的同时，相应的防护措施必不可少，合格的劳动保护用品能够最大化保护人员在事故中降低伤害程度。正确使用安全工器具可以从根源上避免事故的发生，中断连锁反应的最后一环，保护人身不受伤害，财产免受损失。比如，在进行电气工作前，严格按照规定，使用验电器材对工作对象进行带电情况检查，一旦发现目标违规带电，即可立即终止操作，查明原因，避免触电事故的发生。

电力生产是一个动态平衡过程，通过一系列复杂的加工，将原材料的化学能、动能等能量转换成电能。例如，火力发电企业原材料为煤炭，其来源受开采条件、运输能力、成本价格等诸多因素影响。能否保证生产资料的稳定供应、高品质供应会直接影响企业生产活动顺利进行。同时，煤炭质量的变化，也会影响与其相关的系统设备运行稳定。

（四）环境因素

人类依赖自然环境生产，进行各项行为活动；人类的各项活动，又直接或间接地影响环境。对于电力企业安全生产管理，环境的影响可以分为自然环境、人文环境、政策环境。

极端自然环境威胁安全生产。潮湿的天气可能会加剧露天金属设备的腐蚀，影响机器运转的可靠性；严寒低温天气会导致液体工质冻结，失去流动性，影响生产活动进行；极端的恶劣天气可能导致水淹、雷击等意外伤害，造成经济损失。电厂生产过程中产生的烟气、废水等污染物排放于环境，间接影响范围广泛，包括采煤塌陷的治理、输电线路占地、无形的电磁辐射以及噪声污染等。安全生产管理的重点，就是要做到发展与环境的和谐共处，既要通过一系列安全措施，降低不利环境对生产的影响，又要将对环境的破坏控制在尽可能低的限度。

人文环境对安全生产管理的影响相对抽象，没有具体的评价指标，更多的是人文感受，其作用效果也是潜移默化的。良好的工作氛围、轻松舒适的工作环境使人身心愉悦，充分调动工作积极性，减少麻痹大意带来的人为失误，提高工作效率，创造更大的价值。这也是现在越来越多的企业重视企业文化建设的原因。人类行为作为生产活动的主体，将直接影响安全生产。安全生产管理工作在约束从业人员行为规范的同时，也要重视职工思想动态、身心健康。

政策环境主要是指国家、行业范围内的规范变化。包括技术指标、发展方向、技术更新等等。适时调整安全生产管理工作以适应新时期电力企业安全生产工作，把握行业发展趋势，响应国家政策号召，现代化的电力生产需要与时俱进的管理提升。

（五）方法因素

电力生产与输送囊括电气、热力学、金属、材料、化学等学科，相互关联、互相影响。每一个生产环节的进行，都需要多专业知识的协同配合，对从业人员的专业技术能力有较高要求；在工作原理上以及生产实践上都要有相当程度理解，以应对各种复杂环境变化。如果忽略对基本理论的培训，从业人员行为缺乏理论支撑，就不能从根本上分析出作业风险，缺乏自主分析识别危害的能力，危险的行为得不到及时纠正，潜在的危险因素会不断累加；并且也会因为认知能力的局限性，导致对上级政策文件表达的含义、安全措施的必要性等理解不够深入透彻，从而影响执行力。

安全生产侧重技术管理，企业运转需要行政管理能力，如果二者界限不清、交叉管理，会导致安全生产出现风险。因此，管理者对于自身定位要清晰，落实好主体责任，提高管理效能。同时，要重视事中控制以前事前预防，树立整体意识和大局观，统筹工作安排，从根源上进行治理。

第二节　电力安全生产管理体系及优化

一、电力安全生产管理体系内容

（一）电力安全生产管理保障体系

1. 电力安全生产管理保障体系的内容

电力企业的生产必须坚持"安全第一、预防为主、综合治理"的方针，这是由电力生产、输送、分配和使用过程中的客观规律所决定的，是多年实践经验积累总结出来的。从电力事故对企业经济效益和社会效益的影响来看，安全就是最大的效益。安全是企业改革和发展的重要保证，是提高企业经济效益的前提。安全是电力工业职工及其家庭幸福的保证，因此每个职工都必须高度重视安全。

"安全第一、预防为主、综合治理"的方针要求每个行业和企业都必须建立一整套完整的安全保障体系，包括行业安全状况的调查研究、政策规章的制定、有关文件制度精神的宣传贯彻、相关知识的培训和文化建设、各种保障条件的确立和提供、实施情况的落实和督查、事后的奖惩总结等形式，以及事务方面的人员、机构和过程。

2. 电力安全生产管理保障体系的依据

《中华人民共和国安全生产法》是建立电力安全生产管理保障体系的法律依据。《中华人民共和国安全生产法》第一章第三条规定，安全生产工作应当以人为本，坚持安全发展，坚持安全第一、预防为主、综合治理的方针，强化和落实生产经营单位的主体责任，建立生产经营单位负责、职工参与、政府监管、行业自律和社会监督的机制。《中华人民共和国安全生产法》第一章第六条规定，生产经营单位的从业人员有依法获得安全生产保障的权利，并应当依法履行安全生产方面的义务。《中华人民共和国安全生产法》第二章对生产经营单位的安全生产保障做出了详细的规定。

此外，国家电网公司颁布的《安全生产工作规定》规定，公司系统实行以各级行政正职为安全第一责任人的各级安全生产责任制，建立健全有系统、分层次的安全生产保证体系和安全生产监督体系，并充分发挥作用。公司系统各级组织在各自主管的工作范围内，围绕统一的部署，依靠群众共同做好安全生产工作。公司系统各企业应依据国家、行业及国家电力公司有关法律、法规、标准、规定，制定适合本企业情况的规章制度，使安全生产工作制度化、规范化、标准化。公司系统各企业要贯彻"管生产必须管安全"的原则，做到计划、布置、检查、总结、考核生产工作的同时，也要做到计划、布置、检查、总结、考核安全工作。

（二）电力安全生产管理监督体系

1. 电力安全生产管理监督体系的内容

电力安全监督体系一般由安全监督部门、车间和班组安全员组成三级安全监督网络。其主要功能包括：①安全监督；②安全管理，即运用行政上赋予的职权，对电力生产和建设全过程的人身和设备安全进行监督，并具有一定的权威性、公正性和强制性；③协助领导做好安全管理工作、开展各项安全活动等。

电力安全监督部门的工作应以安全管理为主，现场监督为辅，以不定期抽查为其主要监督方式；车间级安全员的工作侧重点是监督一些工作量较大或工作条件较复杂的大修、基建、改造等工程，其他工程可采取不定期抽查的办法，以较多的精力从事安全管理工作；班组级安全员应主要侧重于现场监督。

2. 电力安全生产监督人员的工作方法

在生产实践中，充分发挥安全监督体系的作用，工作方法十分重要，主要表现为以下方面：

（1）由于电力生产的复杂性，安全问题渗透于电力生产各个方面、各个环节，任何一个错误的命令、错误的操作、错误的作业，都可能导致事故甚至整个电力系统的崩溃。所以，安监人员必须掌握电网运行、设备运行等各种专业知识，掌握各类生产人员的工作性质和特点，掌握不断发展的电力生产新知识，成为电力生产的行家里手，为安全监督工作打下坚实的基础。

（2）安监部门要有长期的管理规划和目标，如企业员工的安全培训、安全设施标准化、安全生产激励机制的建立、企业安全文化的创建等。这些工作不仅要有计划，而且要有具体内容和实施方案，通过分阶段、由浅入深地工作，使员工的安全生产技能、安全生产意识和企业的安全生产基础得到不断提高。

（3）安监部门要在大量的、深入的现场安全管理的实践中，不断发现和研究管理中存在的问题，找出安全管理中具有规律性的东西，上升到理性的认识，形成规章制度。用不断完善的安全生产规章制度指导工作，使安全管理规范化、制度化。

（4）安全监督工作直接涉及对人的管理，如果单纯采用处罚手段，不能使员工从思想上对安全管理产生认同，心悦诚服地接受教育，就可能使员工产生逆反心理。因此，要把思想工作与严格的奖惩制度有机结合起来，并做到在奖罚上制度化、规范化，切忌随意性和盲目性。对一般性违章应区别不同工种和特定生产环境，宜采用以说服教育为主的处理方法。对严重违章和屡教不改的习惯性违章，要坚决果断地严肃处罚。同时，要做到有奖有罚，对企业安全生产做出贡献的员工、安全风险较大的工种，安监部门要积极为他们争取荣誉和奖励，并要进行大力表彰和宣传，在企业中逐步形成违章可耻、安全光荣的企业文化。

（5）做好电力企业安全工作，安全监督体系与安全生产保障体系要形成合力，才能使安全管理整体功能得以发挥。安监部门要经常主动与各生产单位、生技部门、人教部门、党群部门沟通信息，及时向他们通报上级安全管理的要求、职工奖罚处理、安全管理工作重点等情况，积极主动争取有关部门的意见和建议。特别是在事故调查和处理中，安监部门要充分听取事故单位的意见，全面了解和掌握情况，对事故原因和责任做出正确的分析和判断。如果事故原因分析不当或对有关责任人处理不当，就会对安全管理的严肃性、安全监督的权威性造成影响，给今后的安全监督工作带来不利。

（6）搞好企业的安全生产工作，离不开领导的重视和支持。这除了领导对安全工作重要性的认同外，很大程度上取决于安全监督体系的工作效果。如果安监人员通过扎实、细致的工作，对企业安全形势的分析具有及时性、准确性，提出的措施具有针对性、可行性，使安全基础不断巩固，安全水平不断提高，使领导感到安监人员是自己安全工作上离不开的参谋和助手，自然会重视和支持安全监督体系的工作。

（三）电力安全生产管理教育培训

电力生产管理安全培训的基本形式是三级安全教育，即厂级、车间级和岗位（工段、班组）级的安全教育，三级安全教育是电力生产管理安全培训的基本教育制度。受教育对象是新进厂人员，包括新调入的工人、干部、学徒工、临时工、合同工、季节工、代培人员和实习人员。企业必须对新进厂人员进行安全生产的入厂教育、车间教育、班组教育；对调换新工种，采取新技术、新工艺、新设备、新材料的工人，必须进行新岗位、新操作方法的安全卫生教育，受教育者经考试合格后，方可上岗操作。三级安全教育内容包括以下方面：

1. **厂部安全教育的主要内容**

（1）讲解劳动保护的意义、任务、内容和重要性，使新入厂的职工树立起"安全第一"和"安全生产，人人有责"的思想。

（2）介绍企业的安全概况，包括企业安全工作发展史、企业生产特点、工厂设备分布情况（重点介绍接近要害部位、特殊设备的注意事项）、工厂安全生产的组织。

（3）介绍国务院颁发的《全国职工守则》和企业职工奖惩条例以及企业内设置的各种警告标志和信号装置等。

（4）介绍企业典型事故案例和教训，抢险、救灾、救人常识以及工伤事故报告程序等。

厂级安全教育一般由企业安技部门负责进行，时间为4~16小时。讲解应和看图片、参观劳动保护教育室结合起来，并应发放浅显易懂的规定手册。

2. **车间安全教育的主要内容**

（1）介绍车间的概况。如车间生产的产品、工艺流程及其特点；车间人员结构、安全生产组织状况及活动情况；车间危险区域、有毒有害工种情况；车间劳动保护方面的规章制度以及对劳动保护用品的穿戴要求和注意事项；车间事故多发部位、原因，有什么特殊规定和安全要求；介绍车间常见事故和对典型事故案例的剖析；介绍车间安全生产中的好人好事，车间文明生产方面的具体做法和要求。

（2）根据车间的特点介绍安全技术基础知识。例如冷加工车间的特点是金属切削机床多、电气设备多、起重设备多、运输车辆多、各种油类多、生产人员多和生产场地比较拥挤等。机床旋转速度快、力矩大，要教育工人遵守劳动纪律，穿戴好防护用品，小心衣服、发辫被卷进机器，手被旋转的刀具擦伤。要告诉工人在装夹、检查、拆卸、搬运工件特别是大件时，要防止碰伤、压伤、割伤；调整工夹刀具、测量工件、加油以及调整机床速度均须停车进行；擦车时要切断电源，并悬挂警告牌，清扫铁屑时不能用手拉，要用钩子钩；工作场地应保持整洁，道路畅通；装砂轮要恰当，附件要符合要求规格，砂轮表面和托架之间的空隙不可过大，操作时不要用力过猛，站立的位置应与砂轮保持一定的距离和角度，并戴好防护眼镜；加工超长、超高产品，应有安全防护措施等。

其他如铸造、锻造和热处理车间、锅炉房、变配电站、危险品仓库、油库等，均应根据各自的特点，对新工人进行安全技术知识教育。

（3）介绍车间防火知识，包括防火的方针，车间易燃易爆品的情况，防火的要害部位及防火的特殊需要，消防用品放置地点，灭火器的性能、使用方法，车间消防组织情况，遇到火险如何处理等。

（4）组织新工人学习安全生产文件和安全操作规程制度。并应教育新工人尊敬师傅，听从指挥，安全生产。

车间安全教育由车间主任或安技人员负责，授课时间一般需要4~8课时。

3. 班组安全教育的主要内容

（1）讲解本班组的生产特点、作业环境、危险区域、设备状况、消防设施等。重点介绍高温、高压、易燃易爆、有毒有害、腐蚀、高空作业等方面可能导致发生事故的危险因素，交代本班组容易出事故的部位和典型事故案例的剖析。

（2）讲解本工种的安全操作规程和岗位责任，重点讲思想上应时刻重视安全生产，自觉遵守安全操作规程，不违章作业；爱护和正确使用机器设备和工具；介绍各种安全活动以及作业环境的安全检查和交接班制度。告诉新工人出了事故或发现了事故隐患，应及时报告领导，采取措施。

（3）讲解如何正确使用爱护劳动保护用品和文明生产的要求。要强调机床转动时不准戴手套操作，高速切削要戴保护眼镜，女工进入车间戴好工帽，进入施工现场和登高作业，必须戴好安全帽、系好安全带，工作场地要整洁，道路要畅通，物件堆放要整齐等。

（4）实行安全操作示范。组织重视安全、技术熟练、富有经验的老工人进行安全操作示范，边示范、边讲解。重点讲安全操作要领，说明怎样操作是危险的，怎样操作是安全的，不遵守操作规程将会造成的严重后果。

（四）电力安全生产管理文化建设

安全文化是对人的安全价值观的管理，通过教育和潜移默化的影响来塑造具有安全能力的人，使其从自身需要、从本质上、从理性的角度看待、规范自己的行为。电力安全生产文化是电力企业所创造的安全物质财富和安全精神财富的总和，是电力企业在从事电力生产的实践活动中，为保证电力生产正常进行，保护电力企业员工免受意外伤害，经过长期积累，不断总结，并结合现代市场经济制度所形成的一种管理思想和理论；是电力企业全体员工对安全工作形成的一种共识；是电力企业安全工作的基础和载体；更是电力企业实现安全生产长治久安强有力的支撑。

安全文化建设是为了改变电力企业在安全生产上事故—整改—检查—事故的被动循环的局面，弥补管理上的不足，从价值观开始培养员工对安全发自内心的渴求和自觉，矫正员工的不安全行为，努力把安全问题与电网安全、企业发展和员工个人幸福生活联系在一起。电力安全生产管理文化由物质文化、精神文化、制度文化和行为文化四部分组成，具体如下：

1. 物质文化

电力安全生产管理物质文化是指整个生产经营活动中所使用的保护员工身心安全与健康的工具、设施、仪器仪表、护具护品等安全器物。电力安全生产管理物质文化是最具有操作性的物质层面的安全文化，通过对现场安全设备设施的投入、工作人员安全防护用品的配置，最基础的满足安全生产所必需的物质需求。企业安全物质文化包括以下方面：

（1）护具护品：手套，三防鞋，防毒防化用具，防寒、防辐射、耐湿、耐酸的防护用品，防静电装备，焊工防护服等。

（2）安全生产设备及装置：各类超限自动保护装置，超速、超压、超湿、超负荷的自动保护装置等。

（3）安全防护器材、器件及仪表：阻燃、隔声、隔热、防毒、防辐射、电磁吸收材料及其检测仪器仪表等，安全型防爆器件、光电报警器件、热敏控温器件等。

（4）监测、测量、预警、预报装置：水位仪、泄压阀、气压表、消防器材、烟火监测仪、有害气体报警仪、瓦斯监测器、自动报警仪、红外监测器、声响报警系统等。

（5）用于作业现场的安全警示带、防护栏、各类标志牌等。

（6）其他安全防护用途的物品：包括消除静电和漏电的设备、转动轴和皮带轮等转动部件的安全罩、防食物中毒的药品、现场急救药箱、保护环卫工人安全的反光背心等。

2. 精神文化

电力安全生产管理精神文化是安全文化的最高境界。从本质上看，它是全体员工在工作中的安全思想（意识）、情感和意志的综合体现，是员工在长期实践中，不断接受安全熏陶、教育、约束后所逐渐形成的具有自觉性、主动性的安全心理和思维特点的安全综合素质，反映了大部分员工对安全的认知与对危险的辨识总体平均能力。经过基础的物质层安全文化的逐步完善，同时在制度安全文化的催化、传承、固化、发展下，最终会在企业精神中形成一种对安全的潜意识，一种自然而然的行为方式和工作习惯，通过加工、整理而得到企业安全精神文化，进而影响员工行为方式，达到促进安全生产、建设和谐企业的最终目的。

电力企业安全文化建设的主要内容是从安全意识、员工综合素质、安全制度制定、安全奖惩制度等方面树立具有企业特色的安全思想观念、安全生产意识和安全工作态度，规范全员对生命与健康价值的理解，形成被企业领导及员工所认同和接受的安全原则或安全生活的行为方式。做好电力安全生产管理精神文化建设，要认真做好以下方面：

（1）必须明确安全文化建设的深刻内涵，并认真落实安全文化建设工作的重点，以坚持强化现场管理为基础。要贴近生产实际、扎扎实实开展、不走过场，各种活动的落脚点要放在车间和班组。

（2）不断完善管理机制，实现企业安全文化建设的规范化。

（3）不断提高员工的整体素质和心理状态，调动员工的积极性、主动性、创造性。

（4）加强职业安全培训教育工作，规范职工的安全技术行为。

（5）开展丰富多彩的，集知识性、趣味性、教育性于一体的文化活动，如"安全知识竞赛""评选优秀班组""先进个人"等活动。进行安全竞赛，实行安全考核，一票否决制，进而向员工渗透企业的安全理念。

3. 行为文化

安全生产的最终目的就是避免人、设备设施出现不安全状态，杜绝不安全事件发生。从发生事故的根源来看，无非是人、设备工具、管理指挥、作业对象和生产环境等单方面或几个因素相互影响、相互作用。其中人是主体，是最活跃、最难掌握的因素，物质、制度等最终都要落实到人的行动中去，变成人的行为，因此物质文化和制度文化最终落脚点就是行为文化。企业不仅需要卓越的领导者、完善的制度、先进的设备，更需要员工良好的安全行为习惯。因此，让每一位员工养成良好的安全习惯尤其重要。员工有了良好的安全行为习惯，就有了企业安全、稳定、和谐的局面和相应的效益。

4. 制度文化

为了保证安全生产，企业会在长期实践和发展中形成一套较为完善的保障人和物安全的各种安全规章制度、操作规程、防范措施、安全教育培训制度、安全管理责任制以及厂规、厂纪等，也包括安全生产法律、法规、条例及有关的安全卫生技术标准。这些均属于安全制度文化范围。

（五）电力安全生产管理例行工作

电力安全生产管理日常例行的工作包括班前会与班后会、安全日活动、月度安全生产工作会与安全生产分析会、安全生产例行检查、安全监督与安全网例会、年度（中）安全生产工作会，具体如下：

1. 班前会与班后会

班前会、班后会由每日的值班（组）长主持召开，严格执行公司和部门交接班管理规定，做到按时召开、切合实际、突出重点。

班前会应认真了解系统与设备运行方式，根据系统、设备运行状况及气候变化情况，做好事故预想。安排操作（工作）任务时做好危险因素分析，布置好安全措施。要针对系统、设备存在的薄弱环节和设备缺陷，提出巡视检查（巡盘、巡屏）要求和巡视（巡盘、巡屏）中的安全注意事项。

班后会应认真总结、评价当班（当日）安全生产工作的执行与完成情况。对工作成绩给予表扬，对出现的不安全问题或违章现象给予批评、纠正，制定整改措施。

2. 安全日活动

安全日活动要做到持之以恒、联系实际、注重实效，并做好记录。部门安全日活动由部门负责人组织召开，各值班（组）安全日活动由值班（组）长或安全员主持召开，活动次数与具体要求按公司、部门规定执行。

安全日活动的主要内容包括：①传达上级有关安全生产方面的文件与会议精神，组织学习安全生产方面的规章制度和安全事件通报（事故通报、安全简报等）；②总结分析当月、本周安全生产情况，重点分析本部门、本值班（组）发生的安全事件和不安全现象，制定切实可行的预防控制措施，并认真落实整改；③布置安全生产工作，结合实际工作情况有针对性地组织讨论分析，及时解决存在的问题。

公司领导、安全监督与生产部管理人员，运行项目部负责人应定期参加部门和值班（组）的安全日活动。认真检查了解基层贯彻落实上级与公司安全生产工作精神以及安全生产工作规程、规定与工作要求的情况，检查、掌握基层安全生产情况，及时给予指导并监督落实整改。

3. 月度安全生产工作会与安全生产分析会

公司月度安全生产工作会与安全生产工作分析会一并组织进行，每月由总经理（或主管副总经理）主持召开一次。各部门负责人及安全监督与生产部全体人员参加。通报公司安全生产指标与工作任务的完成情况，组织分析发生的安全事件，分析安全生产管理中存在的薄弱环节，综合分析公司安全生产形势，研究采取预防安全事件发生的对策，提出具体工作要求，并监督落实整改。

会议主要内容包括：①安全监督与生产部通报公司安全生产指标完成情况、设备缺陷的发现与处理情况、"两票"（工作票、操作票）与机组开停机执行情况、各电站主要设备检修情况及存在的重大设备缺陷情况、安全事件分析、并网运行考核情况、主要工作完成情况、下月发电量计划与主要工作任务计划等；②运行项目部重点通报各电站设备（系统）运行情况、设备检修开展情况、设备存在的主要问题及应采取和已采取的预防控制措施、主要工作任务完成情况、下月主要计划工作任务以及需要协调解决的问题、对部门发生的安全事件进行重点汇报（事件概况、原因分析、应采取和已采取的措施等）；③集控运行组重点通报所在河流的水情、凌汛情况，梯级电站水库运行和集控运行等情况；④其他职能部门通报本部门工作任务完成情况，通报下月工作计划与主要工作任务安排等；⑤各部门月度安全生产会议材料于每月 2 日前（节假日顺延）报送至安全监督与生产部，会后安全监督与生产部负责编写《会议纪要》和《安全生产技术简报》。

部门月度安全生产工作分析会每月由部门负责人主持召开一次。运行项目部的安全生产分析会由部门负责人、值长、副值长、班（组）长、安全员及有关人员参加。职能部门的月度安全生产工作分析会由本部门全体人员参加，认真分析部门的安全生产情况及安全生产管理上存在的问题，制定切实可行的预防控制措施并认真落实整改。运行项目部应按照公司的运行分析管理规定的要求，认真开展运行分析工作，及时编写、上报《运行分析月报》或其他书面材料。

发生安全事件后应根据事故调查规程、上级与公司相关规定，及时组织召开安全事件分析会，从安全生产管理、规章制度、设备缺陷、员工的安全生产意识等方面对生产现场的安全生产管理情况进行全面、认真、细致的分析和安全生产检查，制定切实可行的整改措施和预控措施并认真落实整改，杜绝类似安全事件的再度发生。正常情况下的安全生产分析会（如上级组织的安全检查以及上级下达的工作安排等情况），应按照相关规定、上级提出的整改要求和工作安排，检查落实情况，分析未完成原因，制定整改措施，并认真督促落实情况。

4. 安全生产例行检查

安全生产例行检查作为及时发现并消除事故隐患、交流经验、促进安全生产的有效手段，必须予以高度的重视。检查的内容要具有针对性，突出重点、注重实效，以防止重特大事故、人身伤害事故、误操作事故和交通事故为重点，结合季节、气候特点和生产现场工作的实际需要，认真组织做好迎峰度夏、防汛抗震、防寒防冻、防火防盗和节假日安全检查。做到各类专业检查与其他日常性安全检查相结合，提高安全检查的实效性。具体内容包括以下方面：

（1）春、秋（冬）季安全检查。严格按照上级有关春、秋（冬）季安全检查规定以及关于开展春、秋（冬）季安全检查的通知要求与安排进行，认真编制检查提纲，并重点检查规章制度的贯彻执行情况，检查设备存在的缺陷和安全隐患，检查安全生产管理中存在的薄弱环节。

（2）安全生产专项检查（如安全隐患排查、防汛安全检查、消防安全检查、交通安全检查、继电保护装置专项检查等）。结合季节与工作特点、设备运行状态、安全生产管理中存在的安全隐患以及上级有关规定要求，有针对性地开展安全生产专项检查并切实解决存在的问题。

（3）节假日与重大活动前的安全生产检查。按照上级通知要求与工作安排，结合生产现场工作实际情况，认真开展安全生产检查，确保节假日、重大活动期间电网和电站的安全、稳定、可靠与经济运行。

（4）其他日常性的安全生产检查。各部门、值班（组）应按照上级与公司相关规定要求，结合安全生产工作实际情况进行日常性的安全生产检查，及时发现安全生产管理工作中存在的问题以及设备存在的安全隐患，认真进行落实整改。

公司组织进行的安全生产例行检查情况及时在公司月度安全生产工作例会和安全生产分析会上进行通报，提出整改措施和工作建议，认真监督落实整改。并将有关信息刊登在由公司安全监督与生产部编写的《会议纪要》或《安全生产技术简报》上。

5. 安全监督与安全网例会

公司定期召开安全监督与安全网例会（可与年中、年度安全生产工作会一并组织进行），会议由总经理（或主管副总经理）主持召开。公司领导、安全监督与生产部负责人及安全监督专责、各部门负责人、值长与安全员、分工会主席以及有关人员参加，安全监督与生产部负责编写会议纪要。

安全监督与安全网例会会议内容包括：①研究制订安全监督与安全网工作计划，分析安全生产形势，查找安全生产薄弱环节，制订反违章活动工作计划，开展相关安排工作；②总结、交流安全监督与安全网工作经验，推广安全生产管理工作先进经验；③分析执行标准、规程、规章制度中存在的问题等。

6. 年度（中）安全生产工作会

每年年初、年中由总经理（或主管副总经理）主持召开年度（年中）安全生产工作会，公司领导、各部门负责人、值长和安全员、分工会主席及有关人员参加。安全监督与生产部负责编写会议纪要。年度（中）安全生产工作会的主要内容包括：①总结公司上年度（上半年）安全生产工作，安排、布置本年度（下半年）安全生产工作计划或重点工作任务；②表彰在年度安全生产方面做出突出贡献的先进集体和员工。

（六）电力安全生产管理工作要求

各类安全生产例行工作必须按照上级和公司相关规定要求，紧密结合实际工作情况，做到有计划、有布置、有检查、有总结、有评比、有针对性地开展工作，认真解决存在的问题。开展春、秋（冬）季等专项安全生产检查，应按照上级通知要求、安排以及有关规定要求，认真编制检查提纲，明确检查重点并经部门主管领导审批后认真执行。对查出的问题要及时制订整改工作计划，下发整改通知，并监督认真落实整改。

安全监督与生产部应按照公司安全事件管理规定以及相关规定，负责宣传上级与公司有关安全生产管理方面的政策、方针与工作规定，转载安全事件通报和安全生产管理信息，介绍先进的安全生产管理经验，进行安全生产管理信息交流。每月编写并及时下发《安全生产技术简报》，每年应会同公司所属有关部门，及时组织编写并下发年度《安全事件汇编》。对公司安全生产工作（安全生产指标完成、生产工作任务的开展和完成等）情况进行通报，科学地分析安全生产工作管理方面存在的薄弱环节与安全隐患，提出下一步安全生产管理工作重点与安排。对发生的各类安全事件，认真分析安全事件发生的经过、原因、性质与责任，提出有效整改措施以及防止类似安全事件再度发生的预防控制措施。

安全监督与生产部门定期对各部门执行企业规定的情况进行监督、检查，并将检查情况与工作要求及时在公司月度安全生产工作会上进行通报。每年由安全监督与生产部组织有关职能部门，对各部门、值班（组）的安全生产例行工作进行一次全面检查，对安全生产例行工作开展好的部门、值班（组）和个人予以表彰，对因工作失职并造成重大安全事件（或严重影响）的部门、值班（组）予以考核并通报批评，考核依据公司相关规定执行。运行项目部、集控运行组定期对各值班（组）执行企业规定的情况进行一次检查、考核，检查情况与工作要求及时在部门安全生产工作会上进行通报。

二、电力安全生产管理体系的优化

电力企业抓安全生产的重点是在保障员工的生命安全和电网的可靠供电的前提下，确保企业各类生产经营活动有序开展，服务地方经济发展大局。认真贯彻执行"安全第一、预防为主，综合治理"的安全生产方针，坚持问题导向、目标导向，围绕人、设备、环境、管理和文化五个主要因素，分析关键要素，提出具体措施，构建人员安全、设备健康、环境协调、管理高效和文化引领的大安全生产工作格局。

（一）做好员工安全技能培训

立足员工岗位工作实际，充分利用和整合培训资源，强化培训分级负责和过程管控，搭建形式多样的培训平台，推进员工培训标准化。建立健全培训激励机制，有效提升各级各类人员安全生产技能技术水平，为保障安全生产、提高安全生产能力奠定坚实基础，为企业安全发展提供可靠的人力资源支撑。做好员工安全技能培训须从以下方面入手：

1. 建立标准化的培训机制

（1）加强培训工作的组织分工。坚持"培训归口、专业负责、分级管理、分级实施"培训原则，实行公司级、二级单位级（含所属的县级公司、管理处等）、班组级（含公司运维站、生产班组和检修车间）三级培训管理，设立相应的培训支撑机构和培训管理岗位，落实各级培训人员责任。

（2）设立员工安全培训专项资金。根据企业年度利润和员工实际情况，按照一定比例确定年度安全培训总控目标，明确每年安全培训资金计划，确保安全培训投入到位。

（3）推行培训项目化管理。培训归口管理部门根据年度培训资金计划，组织各级培训需求单位提前开展培训项目需求编制、评审、批复、储备入库。储备的项目应结合实际进行需求调查和立项论证等可行性研究，项目结合员工安全生产岗位的要求，对应工作标准，梳理岗位人员的培训需求，有针对性地开展员工短板识别和能力评估，根据评估结果精准制订员工培训培养计划。

（4）加强培训评价。培训项目结束后，企业组织主办部门对相关培训工作和培训效果进行验收，承办单位提供项目验收佐证材料，将培训项目质量与承办单位考核挂钩，促进培训质量的提升。

2. 加强培训资源基础建设

根据企业现有资源，组织做好各类培训基地建设规划，推进培训基地模块化建设，考虑实训规模和周期等因素，坚持与生产现场同步、适度超前原则，积极多渠道筹措资金，加强实训基地设备设施建设，满足电网技术发展进步和技术技能人员训练需要，切实为员工培训提供实训保障。同时，根据实际需要，各二级单位可以设立实操技能训练室，培训室培训设备设施建设、维护与使用，应与生产现场保持一致，建立使用台账、维护保养、报废制度等，提高资源利用效率。

组织建立内外聘师资和培训需求共享平台，以企业现有在聘的技师、高级技师和专业领军人才为基础，组建企业级兼职培训师队伍，聘请高校讲师到企业开展兼职培训师授课技巧培训，提高兼职培训师授课能力。开展各专业题库开发和培训课程开发建设，结合相关资料和企业运营设备实际情况等，聘请培训中心老师和高校专家辅导，抽调专业技术骨干和兼职培训师开展各专业题库和培训课程开发建设工作，印刷成册或刻印成光盘后下发到每位员工，作为重点学习资料。充分发挥网络平台和信息化平台的作用，将适合员工学习的课件进行归类整理，纳入培训课件使用，定期安排员工网络自学学习任务。

3. 开展员工分类培训工作

针对生产人员存在的人员数量多、工作业务范围广、能力素质差距大的现状，为进一步明确工作目标和提升措施，对人员进行分类培养。

（1）加强见习人员的日常培训管理。将新员工按专业分配到业务水平较高、管理较好的班组集中跟班学习，新员工所在班组每月拟订培训计划，强化计划执行。同时严格开展日常考试和见习转正考试工作，考试结果由生产专业部门审核后，报培训管理部门备案。

（2）加强对青年员工的培训培养。工作由企业统一组织，有意识、有计划地将青年员工派往项目建设现场，参与设备安装、调试、验收投运等工作，提高现场作业的动手能力和业务水平。通过集中培训、现场锻炼、专业指导、岗位锻炼等方式加强对青年员工的成长培养。

（3）搭建轮值轮训、挂职锻炼等锻炼平台。选拔优秀员工到管理、技术岗锻炼，促进机关与基层人才流动，提高一线员工的综合素质和管理能力，为企业发展储备人才。

（4）加强对已聘技师、高级技师等专家人才的培养和使用。安排已聘任的专业领军人才和技师、高级技师参加专业技术培训、参与企业科技项目研究、安排担任授课兼职培训师和到重要岗位轮值轮训等培养使用工作。

4. 建立教育培训评估机制

在管理方面，企业培训归口管理部门建立定期通报检查机制，每月对教育培训计划执行、竞赛调考等情况进行通报，每年年末对各单位培训项目执行、培训资源建设、职工教育培训经费使用及重点任务完成等情况进行考核评价。在员工方面，建立常态化机制，加大薪酬奖励力度，激发员工培训和自我学习的热情。强化培训评价成果的应用，将员工技能评估成果和竞赛调考成绩等与岗位成长联动，纳入优秀员工、后备人才和干部选拔等重大事项的考核范畴，形成人才成长和选拔的正向机制，促进安全技能绩效的提升。

（二）完善设备质量管控体系

完善设备质量管控体系须在企业层面建立设备质量技术监督机制，从设备安全、质量和效能三个维度入手，聚焦关键环节、难点问题，提出设备设计招标、基建安装、验收投运和运行维护管理支撑保障重点举措，形成目标指引、策略驱动、绩效引导、评价改进闭环的体系运转模式，全面提升设备质效。完善设备质量管控体系须从以下方面入手：

1. 加强设备招标源头管控

（1）在企业层面成立物资招标管理部门，重点加强对设备招标采购工作的管控和监督，明确设备招标采购供应商资质要求和设备质量标准，并严格监督执行。企业的规划部门要倡导选用优质设备，在规划设计阶段提高设备性能参数、制造工艺及组部件配置技术水平，满足高质量设备采购需求。

（2）成立设备质量监督机构，强化设备监造管理，加大设备质量问题源头管控和监督检查力度，有效预防和控制质量问题重复发生。将监造延伸到主要原材料、组部件，开展对监造设备关键材料的抽检检测，倒逼制造商加强质量内控，确保发现的质量问题均在设备出厂前完成整改。

（3）组织开展设备设计、施工、监理服务商绩效评价，定期发布评价结果，联动招标采购，促进供应商不断改进提升服务质量和履约水平。

2. 加强基建安装过程管控

在设备安装过程中，组织成立相应的施工项目部，由项目部严格按施工图纸、施工方案组织施工，控制工序质量，执行三级自检制度（班组自检、项目部复检和企业级专检）。同时，为了确保设备安装质量，组织成立相应的监理项目部，运用旁站监督、现场跟踪等质量控制手段，监督设备安装质量和标准工艺的执行情况。此外，加强设备安装质量全过程控制，通过旁站见证、金属探伤、隐蔽工程留存影像等手段加强施工质量过程控制，阶段性开展中间质量抽查监督。

3. 加强验收投运交接管控

企业须落实验收主体责任，在企业内部成立验收启动委员会，强化验收工作的组织领导，做好基建环节与生产验收的无缝对接。须严把安全质量关，加强到岗到位监督和设备质量管控，落实设备施工质量验收要求，强化各级安全责任落实，全面管控作业计划、人员和风险。同时，企业须明确施工、监理、建设等各方质量验收内容，严格执行验收规范及要求，完成各层面质量检查验收，及时整改验收发现的问题和缺陷，并及时将验收结果归档。此外，企业要认真组织做好投运前准备工作，细化设备投产方案，优化操作步骤，组织提前反复校验设备送电过程和操作预演，对在试验过程中发现的问题，积极联系责任部门进行消缺整改，确保实现设备零缺陷投运目标。

4. 加强设备运行维护管理

企业层面制定设备运行维护管理相关规定，建立设备巡查、消缺和维护等例行工作机制，生产单位和班组严格按照制度要求定期开展设备运行维护。建立设备年度动态评价机制，组织技术人员对运行设备进行动态状态评估，及时发现并消除设备运行的安全隐患，保障设备健康运行。同时，建立设备年度春秋查机制，重点对停电设备进行检修维护、清扫和测试，保证设备可用、能用，并提升运维检测队伍的装备水平，加强带电检测设备入网管控，全面提升设备带电检测能力，保障设备安全。此外，建立企业内部隐患排查治理常态机制，抓好设备隐患排查治理，落实责任，逐站、逐线、逐设备开展隐患排查。对于排查出的隐患和缺陷，认真分析研判，制订治理方案，分类处置，闭环管理。

5. 建立安全量化评价机制

电力企业须从安全、质量、成本、效能四个维度设置绩效指标。其中，安全维度指标选取设备强迫停运率，侧重于输、变电设备管理，重点关注电网设备的安全保障能力；质量维度指标选取输变电系统可用系数，侧重输电、变电设备管理，重点关注供电服务质量，选取供电可靠率指标，侧重于配电设备管理，重点关注服务质量；成本与效能维度指标选取单位售电量运维检修成本，重点关注电网资产的成本投入和效能水平。企业每年年初设定设备安全量化目标，每年年末进行评价考核，对于完成指标较好或设备运行稳定突出的单位给予表彰和物质奖励；对于因运行维护管理不到位的单位，造成安全事件发生的进行处罚并追究有关环节人员责任。

（三）调整优化风险管理体系

电力企业须结合安全管理的薄弱环节，从风险管理入手，健全企业安全风险管理体系，强化源头防范、分级管控，坚持结果导向和过程考核并重，切实提高企业安全风险管控水平。调整优化风险管理体系包括以下方面：

1. 健全风险防控责任制

聚焦不同风险，围绕防控重点，构建企业本部、二级单位和生产班组三级风险管控体系，压实各层级管理责任，细化到岗到位和现场督导要求，形成横到边纵到底、一级抓一级、层层抓落实的风险分级防控责任制。风险防控要贯穿安全生产活动的全过程，涵盖到安全生产管理、业务活动流程等各方面，做到全员参与、全过程控制和全方位管理。

2. 强化风险源头防范

加强风险排查和风险辨识，实现安全风险超前预防和事故防范关口前移，充分考虑活动范围、作业性质、天气情况、人员承载力和技能水平等因素，强化前期勘查和方案准备，细化各类管控措施，合理安排从业人员、工器具及物料，保障事前风险可控、活动刚性有序。建立风险预警与防范机制，坚持风险早发现、早应对，结合电网、设备和天气等影响因素，及时开展预警分析研判，明确风险等级，下发预警通知单，明确风险防控举措和要求，提前做好事故预想和应急预案。

3. 强化风险过程管控

组织严格落实各类风险预警方案和措施，加强风险实时防控，紧盯关键环节和高风险点，强化责任，认真执行现场跟踪和到岗到位制度，严格把控现场安全。强化活动人员安全技术交底，规范执行作业现场开（收）工会议制度，及时传达风险管控要求，明确活动全员职责、关键风险点及预控措施，确保各类活动安全。按照"分级管理、逐级考核"原则，组织对各单位安全风险管理工作进行监督、检查、评价、考核。

4. 完善应急体系建设

电力企业须加强事前准备，从组织领导、应急抢险、应急服务和后勤保障等方面进行总结梳理，完善应急组织、装备和预案体系，组织实战演练，做好应对各种极端情况的准备。同时，建立快速反应机制，遇到重大安全事故或突发紧急事件，各层级领导要第一时间到岗到位，并科学组织开展抢修救援和保供电工作，防止事态扩大。此外，建立应急协作机制，加强与地方政府、发电企业、电力客户以及气象、交通等部门的纵向和横向沟通协作，形成应急联动机制，提高全社会预防和处置电网突发事件的能力。

（四）落实安全生产管理责任

落实安全生产管理责任是指以责任落实为抓手，建立健全电力企业安全生产责任制，坚持安全目标导向和齐抓共管，以安全责任清单和工作清单为抓手，持续推进安全责任落实。落实安全生产管理责任包括以下方面：

1. 建立长效机制

电力企业组织内部各级单位每年年初签订安全生产目标责任状，一级对一级负责，全面落实以企业主要负责人为核心的各级安全生产责任制。同时，建立安全生产保证体系和监督体系，安全生产保证体系主要由生产部门、单位和班组组成，监督体系主要是由安全监督管理部门、安全纠察机构、违章督查大队等组成，通过落实保证体系责任实现生产安全，通过监督体系责任落实来倒逼保证体系工作的落实，真正把安全生产责任链贯通到底、落实到位，构建安全生产工作格局。此外，设立企业安全委员会，定期召开安委会会议，设定企业安全生产阶段性目标，部署安全生产重点工作任务，研究解决安全生产重大事项。

2. 建立安全清单

电力企业根据全员岗位设置，制定全员安全责任清单和安全工作清单，将安全生产责任细化分解到全员、全岗位，实现全面覆盖。同时，要加强安全责任清单宣传培训，做到安全责任铭记在心，组织各层级单位建立清晰、明确、具体、标准的岗位安全责任和操作技能规范等，做到人人有标准、班组有图表、岗位有卡片、责任有清单。确保层层落实责任、传导压力，不留盲区和死角。

3. 强化考核激励

完善安全生产考核办法，实行安全生产"一票否决"制度，强化责任追究，对责任不落实、工作不到位等失职渎职行为，依法依规严肃追责问责。制定有关安全生产工作奖惩办法，适当加大安全生产奖励力度，对遵章守纪、安全生产成绩突出的单位和个人给予重奖，同时把安全生产评价结果作为员工成长成才的重要依据。

（五）建立科学规章制度体系

为促进电力企业安全生产责任落实，围绕制度执行和落实，须建立科学的规章制度体系，以健全的体系、完善的制度、科学的管理，规范安全生产行为，提升企业安全管理水平。建立科学规章制度体系包括以下方面：

1. 推进规章制度基础性建设

在企业层面设立规章制度管理委员会，统筹管理企业规章制度建设工作，协调解决制度建设存在的问题，督导规章制度的执行落实，建立安全生产规章制度体系框架，落实专业管理职责，构建各层级、各专业、全过程的安全生产规章制度。同时，制订规章制度建设需求计划，提前组织开展制度专题调研，将调研情况作为规章制度起草的参考依据，起草后及时征求意见，并按照意见进行完善后方可发布执行。此外，二级生产单位和班组根据企业发布的规章制度，完善基础作业标准化手册和工作规范，持续优化专业核心业务流程，推进各级各类岗位与制度精准匹配，统一各单位管理模式、专业界面、岗位职责，执行规范统一的工作流程和标准，将各种安全法规、制度、规程、规定转化为行为规范要求，增强规程、规定的可执行性和可操作性。

2. 加强规章制度执行力建设

加强规章制度的学习宣传，发挥各级管理人员示范带头作用，通过安委会、安全生产专题会议、安全活动日等形式，加强对制度的学习宣传，确保各级人员系统地把握和理解各项制度，让企业内部干部员工对规章制度有关要求能入耳、入脑、入心，从而自觉遵规守纪。要建立健全安全规章执行督查机制，加强监督检查，使违章问题能够及时发现，违章行为能够及时纠正，切实做到用制度管人、管事。要进一步修订完善相关规定，健全激励和约束机制，奖惩分明，严格考核，保证规章执行到位。对不执行规章、不按规章办事，甚至破坏规章的人和事，要根据所造成的损失和影响，严肃追究相关领导和人员的责任；对于造成事故和严重后果的，及时调查通报，严厉查处。

3. 建立成效评估与修订机制

加强对规章制度执行情况的现场调研和总结，定期梳理存在的问题，从实用性和适用性角度，对规章制度进行深度评估，分析规章制度条款的可行性，及时向制度管理部门提交有关建议。同时，要结合新形势，做好立改废工作，提高制度和规范的适应性，特别要认真对照新的法律法规和行业相关规程、标准和制度，做好相关制度的制定和修改完善工作。

（六）建立健全安全文化体系

电力企业应从企业内部的安全管理问题入手，坚持以人为本、生命至上，建立健全安全文化体系，发挥安全文化在安全管理工作中的引领作用，塑造企业特色的安全观念。建立健全安全文化体系包括以下方面：

1. 加强安全文化建设统筹

成立安全文化建设的专题推进机构，由电力企业一把手担任第一责任人，落实各级有关人员建设责任。同时根据电力行业特点、集团企业文化理念和本企业传统文化，总结提炼历年安全文化建设成果和经验，并根据企业未来安全发展战略规划，制定切实符合自身发展的安全文化建设规划。安全文化建设规划要与企业实际相结合，与企业战略规划制定相结合，同时要与安全生产发展目标相结合。

2. 组织做好安全文化传播

发挥新闻媒体作用，充分利用企业内部网站、板报、视频等方式，广泛宣传企业安全文化的基本内涵，营造浓厚的文化氛围。将安全文化培训纳入本单位培训工作体系，常态化开展安全文化培训，确保文化入脑入心。坚持以人为本，把安全文化建设评估要素纳入安全工作考核标准体系，发挥安全文化导向、凝聚、激励、约束功能。

3. 推进员工行为文化建设

加强员工安全生产教育，强化安全意识引领，教育员工深刻理解安全理念的本质内涵，树立正确的安全价值观。通过在企业范围内开展亲情助安、安全示范岗等系列活动，增强员工安全责任意识，在企业范围内形成人人安全的良好人文环境。

（七）完善优化配套保障措施

要达到优化完善现有安全生产管理体系的目的，电力企业要从最薄弱的环节或最突出的问题着手，结合体系构建，选择具体可行的操作建议和保障举措，强化管理驱动，最终推动安全管理能力的提升。优化配套保障包括以下方面：

1. 强化安全生产组织保障

深化安委会和各级安全管理机构作用，健全完善闭环管理工作机制，各尽其职，统筹推进体系建设任务落实，建立问题通报、闭环整改、持续改进管控机制，推动体系建设重点任务的实施。各级安全生产组织要突出工作协同，建立协同机制，完善安全生产管理举措，确保安全生产工作有序衔接、流程有效贯通、管理高效协同。建立安全生产体系建设常态评估机制，根据企业设定的安全生产目标，结合企业内部人力、物力、财力及信息化水平等具体条件，建立安全生产体系建设绩效评估和过程控制机制，将安全生产体系建设取得的实际成效与设定目标对比，进行偏差分析与评估。

针对存在的问题和异动情况及时核查并开展原因分析，制定提升措施，明确提升方向，完善体系构建管理协同改进机制。进一步加强管理层、作业层业务职责落实，强化闭环管理，形成体系建设持续改进提升的良性循环，促进企业安全生产管理业务高效运转。

2. 做好人力资源支撑保障

不断优化安全生产班组人力资源配置，加强一线班组长队伍建设，加强一线人员能力素质培训，加强一般劳动防护用品管理，配强配优安全生产人力资源，解决一线班组结构性缺员和人员配备不到位的问题。强化政策保障，深化工资分配向安全生产基层一线倾斜，坚持一切工作到基层的导向，促进人才向安全生产领域和一线基层聚集，提升安全生产、班组建设等专业治理水平。

健全人才培养机制，要识人才、用人才，从安全生产业务中实践、从实践中验证。要拓宽安全生产工作人才培养平台，发挥各专业管理优势，多渠道、多角度培养。要强化专家型人才培养，利用课题研究、专题实践、制度完善等实际工作锻炼出三级专家队伍，为企业安全生产人才库储备打好基础。

3. 保证安全生产资金投入

安全生产在各个环节所必需的投入，都要得到保障。企业要研究制定安全生产费用提取标准及使用制度，明确列支渠道，规范提取和使用的程序、职责，切实抓好安全"两措"项目的实施，保证缺陷隐患整治、安全器具设施配置、安全教育培训、应急物资装备等所需费用。同时建立安全生产资金绿色通道，优先落实风险隐患治理资金、优先调配治理物资、优先安排停电计划。优化设备改造项目和资金投向，推进设备综合治理，提升设备健康水平。加大装置配备资金投入，购置起重机械、安全工器具和必要的安全设施，逐步提升安全生产装备水平。

重点要针对安全生产整体评价和风险识别出现的问题，按照风险程度、治理时间、资金投入等关键项，研究制订整改计划，指定专业部门、人员协调督促整改。设立安全生产专项奖，对遵章守纪、安全生产成绩突出的单位和个人给予重奖，发挥专项奖励的激励作用。

4. 加强安全生产科技支撑

持续完善科研布局，结合电力行业特点和未来发展方向，优化相关重点技术领域布局，进一步加强设备关键技术、应急抢修和防灾减灾等重点技术研究，用科技手段促进安全生产管理水平的提升。加大企业在关键重点领域的知识产权挖掘，尽快培育出创新程度高、竞争力强的高价值知识产权。紧密围绕能源互联网建设需求，寻求和科研机构、大学等合作，促进核心技术攻关取得新突破。鼓励、引导员工立足岗位开展各种革新、发明，推动创新工作与安全生产工作深度融合。积极推动新技术、新工艺在安全生产领域落地，加强物联网和数字化等方面的技术应用，通过技术实现安全生产业务与新技术的深度融合，实现安全生产工作转型。

总之，不断提高企业安全生产科技含量，依靠科技创新手段能有效提高安全水平，全面支撑安全生产管理体系的高效运转。

第三节 电力安全生产应急管理

电力生产是一项庞大、复杂的系统工程，其生产设施分散、分布地域广阔、生产环节多、技术性强，发、供、用瞬时完成。电力企业一旦发生突发事件，尤其是重特大电力突发事件，将造成重大的损失和严重的经济社会影响。因此，电力企业必须全过程、全方位地做好应急管理工作，保障安全生产。

一、电力安全生产应急管理的任务

我国突发事件应急管理实施预防、准备、响应、恢复全过程管理，电力企业应急管理也是如此。在此过程中，电力企业须及时开展风险分析，建立完善监测预警机制，健全应急救援组织体系，做好应急物资储备工作，更新完善应急预案体系，加强应急演练与培训，并做好其他相关的应急管理工作。建立与政府部门、电力监管机构的应急联动机制，以最大限度地减少电力突发事件造成的人身伤亡和财产损失。若发生电力突发事件，须做好现场清理、保险理赔等应急恢复工作。

（一）预防

预防工作就是从应急管理的角度在电力企业内部开展危险源辨识、风险评价、危险控制等工作，防止突发事件发生。在电力企业应急管理工作中，一方面，电力突发事件的预防工作，即通过安全管理和安全技术等手段，尽可能地防止电力突发事件发生，实现本质安全；另一方面，在假定电力突发事件必然发生的前提下，通过预先采取的预防措施，降低突发事件影响。电力突发事件预防工作包括发电厂、变电站选址的安全规划，减少危险物品的储存量等；选用技术先进、可靠性高的电力设备设施，安装由各种检测设备、通信设备、安全保护装置、自动控制装置，以及监控自动化、调度自动化组成的信息与控制系统；开展危险源辨识、风险评价，对不可容许风险和重要目标实施监测监控，开展事故隐患排查治理等工作。

（二）准备

应急准备是指针对特定的或者潜在的电力突发事件，为迅速、有序地开展应急行动而预先进行的各种准备工作，居安思危，思则有备，有备无患。电力企业应急准备的主要措施如下：

第一，建立应急救援组织体系，成立应急管理机构和应急救援队伍，落实有关部门和人员的应急职责。

第二，与属地政府部门、电力监管机构、社会应急救援组织等签订应急互助协议，以落实应急处置时的场地、设施装备使用、技术支持、物资设备供应、救援人员等事项，保证电力突发事件应急救援所需的应急能力，为应对电力突发事件做好准备。

第三，储备电力突发事件应急物资和装备，做好应急保障工作，并定期检查、更新，确保应急物资和装备处于可用状态。

第四，组织制订应急预案，并根据情况变化随时对应急预案进行修改和完善。例如电网企业要针对灾害可能造成的电网大面积停电、电网解列、孤网运行等情况，制订和完善电网应急预案，并按照应急预案内容组织应急演练和人员培训。

第五，建立电力突发事件预警与应急响应制度，明确预警、响应级别及各级别对应的预警、响应行动。

第六，建设应急管理信息系统，建立危险源、事故隐患库，及时了解相关信息，并通过系统督促相关单位、部门或人员做好危险源监控、隐患整改工作。

第七，开展员工安全技术培训，加强电力安全教育，组织应急演练，增强员工安全意识和提高安全生产技能。

（三）响应

应急响应主要包括进行报警与通报，启动应急预案，开展抢险工作，实施现场警戒和交通管制，紧急疏散突发事件可能影响区域的人员，提供现场急救与转送医疗，评估突发事件的发展态势，向公众通报事态进展等工作。目标是尽可能地抢救受害人员，保护可能受到威胁的人群，最大限度地减少突发事件造成的影响和损失，维护经济社会稳定和人民生命财产安全。

应急响应可分为初级响应和扩大应急两个阶段。初级响应是指在电力突发事件初期，电力企业对电力突发事件进行情况分析，同时启动应急预案，应用本企业的救援力量，采取应急救援行动，使电力突发事件得到有效控制。如果电力突发事件的规模和性质超出电力企业的应急能力，则应请求增援并扩大应急救援活动的强度，以便最终控制突发事件。

应急响应是应急管理的关键阶段、实战阶段，是对电力监管机构、电力企业、地方政府应急处置能力的考验。

（四）恢复

恢复是指在电力突发事件得到初步控制后，为使生产、工作、生活和生态环境尽快恢复到正常状态所进行的各种善后工作。应急恢复应在电力突发事件发生后立即进行，应先使电力突发事件所影响的区域恢复到相对安全的状态，然后逐步恢复到正常状态。

要求立即进行的恢复工作包括影响评估、清理现场、常态恢复、原因调查、保险理赔等，同时还要根据应急情况对应急预案进行修订、评审。在短期恢复工作中，应注意避免出现新的紧急情况。在电网恢复过程中，要优先恢复电厂和仍能保持热态启动能力机组的厂用电源。对于有自启动能力的地方电厂，应根据情况自行启动发电机组。要协调好电网、电厂、用户之间的恢复工作，保证电网安全稳定留有一定余度，防止发生过电压，避免造成新的设备损坏和停电。长期恢复包括重建被毁设施和厂房等建筑物，重新规划和建设受影响区域等。在长期恢复工作中，应吸取事故和应急救援的经验教训，开展进一步的事故预防工作和减灾行动。

二、电力安全生产应急管理的原则

电力企业应急管理应遵循以下基本原则：

第一，以人为本，减少危害。电力企业须将保障公众健康和生命财产安全作为首要任务，最大限度地减少电力突发事件造成的人员伤亡和危害。

第二，居安思危，预防为主。电力企业须高度重视公共安全工作，防患于未然。增强公众忧患意识，坚持预防与应急相结合，常态与非常态相结合，落实电力突发事件预防措施，开展隐患排查治理，加强风险管控，开展应急培训和演练，做好物资和技术储备工作。

第三，统一领导，分工负责。在国家应急救援指挥中心、电力监管机构、地方政府及其应急救援指挥中心等的统一领导下，各电力企业须负责做好本企业应急管理工作，建立健全应急管理规章制度，完善应急预案体系，明确事故预防和应急处置措施。

第四，依法规范，突出重点。电力企业须依据有关法律和行政法规，加强应急管理，使本企业应急管理工作规范化、制度化、法治化。开展电力突发事件应急救援工作时须突出重点，应当将保证电网安全放在第一位，采取必要手段，防止事件扩大化；应当优先保证社会重要基础设施正常运转和重要电力用户用电；应当保证重要电力设施、设备安全，尽快恢复电力系统正常运行。

第五，快速反应，协同应对。电力企业须加强本企业应急救援队伍建设，建立健全与国家（区域）应急救援队伍联动的制度，充分动员社会团体和志愿者队伍的作用，依靠公众力量，形成统一指挥、反应灵敏、功能齐全、协调有序、运转高效的应急救援机制。

第六，依靠科技，提高素质。采用先进的监测、预测、预警、预防和应急处置技术及设施，提高应对突发事件预防、应急处置的科技水平，避免或最大限度地减少电力突发事件造成的人员伤亡和危害；加强宣传和培训教育工作，提高公众自救、互救和应对各类突发事件的综合素质。

第七，公开透明，正确引导。及时、准确、客观发布权威信息，充分发挥新闻媒体作用。企业发生电力突发事件时，有序组织新闻媒体采访、报道事态发展及处置工作情况，正确引导社会舆论，避免突发事件造成公众恐慌。

三、电力应急救援与应急能力评估

"我国安全生产应急救援工作日益受到政府和企业的重视。"[1] 电力应急救援体系是指应对电力突发事件所需的组织、人力、物力、财力等各种要素及其相互关系的总和。电力应急救援体系的建设和完善是一项复杂的系统工程，要在国务院有关部门、电力监管机构、地方政府的领导下，以国情、各地情况、电力企业情况为依据，以专项公共资源的配置、整合为手段，以社会力量为依托，以提高突发事件应急救援能力和效率为目标，坚持常抓不懈、稳步推进。除此以外，还须对电力企业应急能力进行评估，辨识出电力企业应急工作中存在的不足和缺陷，并以此为依据，完善应急救援体系建设，提升电力突发事件应急能力。

（一）电力应急救援认知

1. 电力应急救援组织体系

电力应急救援组织体系应设计为动态联动组织，通过紧密的纵向和横向联系，形成强

---

①王宇航，樊晶光，缴瑰，等. 建立我国安全生产应急救援标准体系的初步构想［J］. 中国安全生产科学技术，2006，2（3）：55.

大的应急救援组织网络。网络式组织以电力突发事件的类型和级别作为任务的结合点，常态下电力企业及各联动单位根据各自职责对突发事件进行预测与控制，非常态下迅速采取应急响应行动。

应急救援组织体系的构建应注重从组织体系的完备性及各组织之间相互协调性两方面加以考虑，从而形成"纵向一条线，横向一个面"的组织格局。纵向角度主要是以明确的上下级关系为核心，以行政机构为特点的命令式解决办法；横向角度主要是以信息沟通为核心的解决办法，部门平等相待，无明确的上下级关系。

电力应急救援组织体系中的决策指导层包括国务院应急管理办公室、国务院有关部门、国家应急救援指挥中心、国家电力监管委员会和中央电力企业应急指挥系统；属地指挥协调层包括电监会各派出机构、各级地方政府及其应急指挥中心和省级电网公司及地方各级电力企业；执行处置层包括国家（区域）应急救援队伍、电力企业应急救援队伍、社会救援力量。

2. 电力应急救援运行程序

（1）信息报告和通报。按照信息先行的要求，建立统一的突发事件信息系统，有效整合现有的信息资源，拓宽信息报送渠道，规范信息传递方式，做好信息备份，实现上下左右互联互通和信息的及时交流。

（2）指挥决策。通过信息搜集、专家咨询来制订与选择方案，实现科学果断、综合协调、经济高效的应急决策和处置。应急救援指挥由地方政府以及电力监管机构负责，根据电力突发事件的可控性、严重程度和影响范围，由地方政府和电力监管机构组成现场应急救援指挥部，统一指挥应急救援行动。

（3）分级响应。在初级响应到扩大应急的过程中应实行分级响应的机制。提高应急响应级别的主要依据是突发事件的危害程度、影响范围和电力企业控制事态能力。扩大应急救援主要是提高指挥级别，扩大应急范围等，增强响应能力。

（4）应急处置。按照应急预案，各司其职，迅速、有效地实施应急处置，最大限度地减少人员伤亡、设备设施损坏等，保障公众利益。

（5）信息发布与舆论引导。在第一时间通过主动、及时、准确地向公众发布警告以及有关突发事件和应急管理方面的信息，宣传避免、减轻危害的常识，提高主动引导和把握舆论的能力，增强信息透明度，把握舆论主动权。

（6）恢复重建。积极稳妥地开展生产自救，做好善后处置工作，把损失降到最低，让受灾地区和民众尽快恢复正常的生产、生活和工作秩序，实现常态管理与非常态管理的有机转换。

3. 电力应急救援保障体系

电力应急救援保障体系一般包括八个部分，即应急预案保障、应急物资与装备保障、资金保障、通信保障、技术保障、医疗保障、治安保障、培训和演练保障。

（1）应急预案保障。在电力监管机构的指导下，电力企业应遵循科学性、针对性、实效性和可操作性原则编制本企业应急预案，且综合应急预案、专项应急预案和现场处置方案应上下衔接，并与当地政府有关部门、电力监管机构的应急预案相互衔接。加强应急预案演练与培训，及时修订预案内容，确保应急预案的科学性和先进性。

（2）应急物资与装备保障。电力企业应根据应急工作需要，配备必要的应急物资与装备，并统计本企业物资与装备的名称、规格、型号、数量等数据，建立台账，上报地方政府、电力监管机构。此外，电力企业应建立应急物资与装备管理、调用制度，加强日常维护管理，定期调整、更新储备物资与装备，保证应急情况下的快速投入使用。

电力监管机构会同有关电力企业，充分利用电力企业现有应急物资与装备，设置若干国家级电力应急物资储备库。通过建立实行运行管理制度，调整储备品种和数量，增加库容和储备量，补充必要的电力应急抢险救灾物资和装备，实现在发生重大电力突发事件的情况下，对电力应急物资进行统一、合理调配，满足跨省、跨区域电力突发事件的应急处置需求。

（3）资金保障。电力企业应将应急救援经费纳入财务预算，建立应急救援专项资金，明确应急救援专项资金的数量、使用范围及监督管理措施，保证应急救援行动能顺利开展。

（4）通信保障。在应急救援行动中，通信器材是不可缺少的应急资源。通信保障不仅是报警的一种方式，而且是应急指挥部对现场进行指挥作战的协调手段，是保证各应急响应人员和部门之间高效联系和交流的重要工具。要保证通信资源充分、信号良好，确保通信和信息的畅通，电力企业要加强局域网络专线的维护和管理，加强与对外通信管理部门的联系。电力企业突发事件应急救援行动中用到的通信工具包括电话（包括手机、可视电话、座机等）、无线电、电台、传真机、移动通信、卫星等。

（5）技术保障。电力企业可聘请电力生产、管理、检修、科研等各方面的专家，组成重大电力突发事件专家咨询小组，对应急处置进行技术咨询和决策支持。此外，还应认真分析和研究电力重、特大突发事件可能造成的社会危害和损失，增加技术投入，研究、学习国内外先进经验和技术，推进电力应急救援平台建设，不断完善电力企业突发事件应急技术保障体系。

结合电力生产特点和突发事件规律，建立覆盖突发事件发生、发展、处理、恢复全过程的应急预案，制定并落实防止发生如电网大面积停电等突发事件的预防性措施、紧急控制措施和电网恢复措施，完善常态机制，建立预警机制，健全应急机制。各电网调度中心、各省（区）电网调度机构组织要有针对性地组织联合反事故演练，并网发电厂应按照要求积极参加联合反事故演练，制定保厂用电措施，落实电网事故应急预案的有关要求。

各类电力用户可根据电力企业发生突发事件造成突然停电可能带来的影响、损失或危害，制定外部电源突然中断情况下的应急保安措施和应急预案。矿井、医院、地铁、金融、通信中心、新闻媒体、高层建筑等特别重要用户，必须自备保安电源。

（6）医疗保障。电力企业应组建医疗机构或与当地医疗部门签订协议，保证企业发生突发事件时，医务人员和医疗救治药物、设备设施等能迅速就位，开展受伤人员救治工作。相关救援人员应尽量掌握基本的急救措施，如人工呼吸法、胸外心脏按压法、心肺复苏法等，为突发事件现场提供医疗救援。在现场进行简单救治后，如有需要，应立即将受伤人员送往医院治疗。

（7）治安保障。电力企业应调用现场保安队伍（包括企业内部保安队伍、当地公安部门等）对事故区域依法采取有效的管制措施，加强对重点地区、重点场所及重要物资和装备的安全保卫，防范和打击各种犯罪活动，禁止与应急救援无关人员进入突发事件现场，维护突发事件现场的社会治安和公共安全。

（8）培训和演练保障。电力企业应健全应急培训和演练管理制度，建立分层次、分类别、多渠道、多形式、重实效的培训和演练工作格局。优化培训、演练资源，完善培训、演练方案，将先进的应急管理理念与应急处置技术纳入培训计划，定期开展应急演练，以提高本企业应急处置和安全防范能力。

（二）电力应急能力评估

1. 电力应急能力评估指标

对电力企业应急能力进行评估时，应包含以下指标：

（1）法律法规。法律法规是电力企业应急管理工作的法律根据，其中规定了主要应急相关人员在应急过程中的权力、权限和责任。

（2）企业规章制度。结合电力企业应急管理工作实际，制定应急管理相关规章制度，电力应急救援体系建设规划或方案。电力企业应做到应急管理与企业发展同步规划、同步实施、同步推进。根据有关法律、法规、标准的变动情况及人员变动，应急演练情况，及时更新相应的规章制度。

（3）组织机构。组织机构是日常与应急状态时进行应急处理的枢纽，评估时主要是了解企业应急领导机构、日常应急管理机构、应急功能组等的建设情况。

（4）风险预控。风险预控是进行应急能力评估的基础工作，评估该项指标时，主要是对企业危险源管理、隐患排查、风险分析等方面进行评估。

（5）监测与预警。监测与预警工作是及早发现并判断是否会发生电力突发事件的前提。

（6）应急预案编制。电力企业须按照要求编制应急预案。

（7）应急救援队伍。电力突发事件应急救援队伍包括专职（专业）应急队伍、兼职救援队伍、电力抢修队（针对电网）、应急专家队伍、社会应急队伍等。评估时主要是对企业应急人员职责划分、日常管理、业绩考核等情况进行考查。

（8）应急保障。应急保障包括应急物资保障、装备与设施保障、通信与信息保障、交通运输保障、资金保障及医疗治安保障等。它对于迅速、有效地开展电力突发事件应急救援和处置工作有着至关重要的作用。

（9）信息报告。企业发生电力突发事件后，应按规定及时向上级单位、电力监管机构、地方政府有关部门报告，并妥善保护突发事件现场及有关证据，必要时向相关单位和人员通报。

（10）应急培训。应急培训是应急功能顺利实施的有力保证，评估时主要是对企业培训计划、应急知识宣传及应急队伍培训情况等进行考查。

（11）应急演练。应急演练主要验证预案的有效性，评估时主要对演练计划、演练实施、演练评估等方面进行考查。

2. 电力应急能力评估流程

（1）成立评估工作组。电力企业开展应急能力评估工作时，首先应成立评估工作组，确定评估工作人员。评估工作人员应具备的条件包括：①熟悉本企业应急管理工作业务；②具有较丰富的应急管理专业知识；③有较强的综合分析判断能力与沟通能力；④坚持原则、秉公办事。

（2）制订评估工作方案。评估工作组应制订评估工作方案，方案中包括所用的查评方法、访谈提纲、调查问卷、实施计划等内容。实施评估前，应向企业各部门下达评估通知书，明确评估的目的、必要性、要求等事项。

（3）评估人员培训。对评估工作人员集中培训，明确考评的目的、必要性、指导思想和具体开展方法，解决为什么要开展、怎样开展的问题，为电力企业正确、顺利地开展应急能力评估创造有利条件。

（4）开展评估工作。收集、整理、评价基础数据和资料，结合访谈、问卷调查、召开座谈会、查阅有关资料和档案等形式，对企业日常应急管理工作进行评估，确定评估等级，并及时记录评估过程中发现的问题。

（5）撰写评估报告。评估工作组应整理评估结果，撰写电力企业应急能力评估报告。在评估报告中总结电力企业应急管理现状，说明评估目的、评估依据等，指出企业应急管理工作中存在的不足，并提出改善建议。

四、电力应急预案

为了减少电力企业突发事件的发生，从根本上提高安全、应急管理水平，建立灵活适用、方便快捷、行之有效的应急预案体系已经成为当前电力企业生产发展的迫切需要。应急预案，又称"应急计划"或"应急救援预案"。应急预案是指针对可能发生的事故，为迅速、有序开展应急行动而预先制订的行动方案。应急预案实际上是标准化的反应程序，以使应急救援活动能迅速、有序地按照计划和最有效的步骤来进行。

应急预案在辨识和评估潜在重大危险、事故类型、发生的可能性及发生的过程、事故后果及影响严重程度的基础上，对应急机构职责、人员、技术、装备、设施、物资、救援行动及其指挥与协调方面预先做出的具体安排。应急预案主要包括事故预防、应急处置、抢险救援。

（一）电力应急预案的类型

电力企业应急预案可分为综合应急预案、专项应急预案和现场处置方案，具体如下：

1. 综合应急预案

综合应急预案是从总体上阐述处理突发事件的应急方针、政策，应急组织结构及相关应急职责，应急行动、措施和保障等基本要求和程序，是应对各类突发事件的综合性文件。原则上每个电力企业都应编制一个综合应急预案。更重要的是，综合应急预案可以作为应急救援工作的基础和底线，对那些没有预料的紧急情况也能起到一般的应急指导作用。综合应急预案用以指导电力企业明确应对各类突发事件的基本程序和基本要求。原则上每个电力企业都应编制一个综合应急预案。

2. 专项应急预案

专项应急预案是针对具体的突发事件类别、危险源和应急保障而制订的计划或方案，是综合应急预案的组成部分，应按照综合应急预案的程序和要求组织制定，并作为综合应急预案的附件。专项应急预案用以指导电力企业针对不同类别的突发事件或风险制定相应的预防、处置和救援措施。

专项应急预案用以指导电力企业针对不同类别的事故或风险制定相应的预防、处置和救援措施。电力企业应在分析总结企业自身特点以及面临的主要风险和事故类型的基础上合理确定所需编制的专项应急预案的数量和内容。电力企业的专项应急预案体系应涵盖自然灾害、事故灾难、公共卫生事件和社会安全事件等主要突发事件类型。

3. 现场处置方案

现场处置方案是针对具体的装置、场所或设施、岗位所制定的应急处置措施,是应急预案体系的重要组成部分。其核心是发生突发事件时,现场人员能够按照应急处置程序采取有效处置措施,开展自救和互救工作,以控制、延缓事件的发展,为后续处置工作赢得先机和主动,提高整体应急处置工作的质量和效果。

现场处置方案主要用以指导电力企业针对具体的事故、风险、装置、场所或设施明确具体的、详细的应急处置措施。电力企业应对本单位存在的风险和危险源逐一评估后制定。基层电力企业要特别加强现场方案的编制工作。现场处置方案应具体、简单、针对性强,应根据风险评估及危险性控制措施逐一编制,做到事故相关人员应知应会,熟练掌握,并通过应急演练,做到迅速反应、正确处置。为使现场处置方案发挥现场的指导性,可把现场处置方案进行可视化设计。

综合应急预案从整体上把握,专项应急预案和现场处置方案是针对各级各类可能发生的突发事件和所有危险源而制定的,须明确事前、事发、事中、事后的各个过程中相关部门和有关人员的职责。电力企业可根据现场情况,详细分析现场具体风险(如某处易发生火灾事故),编制现场处置方案。由于综合应急预案是综述性文件,因此需要要素全面,而专项应急预案和现场处置方案要素重点在于制定具体救援措施,对于单位概况等基本要素不做强制要求。

(二) 电力应急预案的编制

1. 电力应急预案的编制的原则

编制应急预案是进行事故应急准备的重要工作内容之一,编制应急预案不但要遵守一定的编制程序,同时应急预案的内容也应满足下列原则:

(1) 针对性。应急预案应结合风险分析的结果,针对重大危险源、各类可能发生的突发事件、关键的岗位和地点、薄弱环节等进行编制,确保其有效性。

(2) 科学性。编制应急预案必须以科学的态度,在全面调查研究的基础上,在专家的指导下,开展科学分析和论证,制定出决策程序、处置方案和应急手段先进的方案,使应急预案具有科学性。

(3) 可操作性。应急预案应具有可操作性或实用性。即突发事件发生时,有关应急组织、人员可以按照应急预案的规定迅速、有序、有效地开展应急救援行动，降低事故损失。

（4）合法合规性。应急预案中的内容应符合国家相关法律、法规、标准和规范的要求，应急预案的编制工作必须遵守相关法律法规的规定。

（5）权威性。应急救援工作是一项紧急状态下的应急性工作，所制定的应急预案应明确救援工作的管理体系，救援行动的组织指挥权限和各级救援组织的职责和任务等一系列的行政性管理规定，保证救援工作的统一指挥。应急预案还应经本单位负责人批准后才能实施，保证预案具有一定的权威性。同时，应急预案中包含应急所需的所有基本信息，要确保这些信息的可靠性。

（6）协调性。应急预案应与上级部门应急预案、当地政府应急预案、下级单位应急预案等相互衔接，确保出现紧急情况时能够及时启动各方应急预案，有效控制事故的蔓延和扩大。

2. 电力应急预案的编制过程

编制应急预案准备工作包括：①全面分析本单位危险因素、可能发生的事故类型及事故的危害程度；②排查事故隐患的种类、数量和分布情况，并在隐患治理的基础上，预测可能发生的事故类型及其危害程度；③确定事故危险源，进行风险评估；④针对事故危险源和存在的问题，确定相应的防范措施；⑤客观评价本单位应急能力；⑥充分借鉴国内外同行业事故教训及应急工作经验。应急预案编制程序主要包括成立预案编制小组、收集相关资料、危险源辨识与风险分析、应急能力评估、应急预案编制。

（1）成立预案编制小组。结合电力企业职能分工，成立以主要负责人为组长的应急预案编制小组，明确编制任务、职责分工，制订工作计划。应急预案编制小组应由各方面的专业人员或专家组成，包括预案制订和实施过程中所涉及或受影响的部门负责人及具体执笔人员。必要时，编制小组也可以邀请当地电力监管机构、地方政府相关部门代表作为成员。

（2）收集相关资料。收集应急预案编制所需的各种资料是一项非常重要的基础工作。掌握相关资料的多少、资料内容的详细程度和资料的可靠程度将直接关系到应急预案编制工作是否能够顺利进行，以及能否编制出质量较高的应急预案。电力企业编制应急预案时要收集的资料包括：①适用的法律、法规、标准和规范；②本企业事故资料及事故案例分析；③本企业区域布局，主要装置、设备、设施布置，本企业区域主要建（构）筑物布置等；④本企业事故隐患排查资料、危险点、控制措施、风险评估资料、主要危险源理化性质及危险特性、应急组织机构、应急资源、培训和演练计划等；⑤周边情况及地理、地质、水文、环境、自然灾害、气象资料；⑥突发事件应急所需的各种资源情况；⑦政府的相关应急预案；⑧上级或下级应急预案；⑨其他相关资料。

（3）电力企业危险源辨识与风险分析。危险源辨识与风险分析是编制应急预案的关键，所有应急预案都建立在风险评价基础之上。在危险因素分析、危险源辨识及事故隐患排查、治理的基础上，确定本企业的危险源、可能发生突发事件的类型和后果，进行风险分析，并指出可能产生的次生、衍生突发事件及后果，得出分析结果并形成分析报告，分析结果将作为应急预案的编制依据。电力企业进行危险分析主要从生产设备、设施，场所的地理、气象条件，主要设备和仪表，作业环境以及危险源进行辨识，分析可能发生的事故类型，提出安全对策措施。

（4）电力企业应急能力评估。应急能力评估就是依据风险分析的结果，对应急资源准备状况的充分性和从事应急救援活动所具备的能力评估，以明确应急救援的需求和不足，为应急预案的编制奠定基础。针对电力企业可能发生的突发事件及抢险的需要，实事求是地评估本企业的应急装备、应急队伍等应急能力。

电力企业应急能力评估主要包括法制基础、组织机构、危险认定评估、监测与预警、指挥与协调、应急预案、防灾减灾、信息发布、应急保障等。应急能力评估可以采取检查表的形式通过专家来进行打分，从而对其具有的应急能力进行评价，同时还可以根据评价结果以及专家的意见通过各种渠道和方式不断地增强企业的应急能力。

（5）电力企业应急预案编制。在以上工作的基础上，针对电力企业可能发生的突发事件，按照有关规定和要求，在充分借鉴国内外同行业应急工作经验的基础上，编制本企业的应急预案。应急预案编制中应遵循"5W1H"原则，即 What、When、Why、Who、Where 和 How，明确在事故发生前、事故过程中以及事故发生后，谁负责做什么，何时做，怎么做，以及相应的策略和资源准备等。

应急预案编制过程中，除了要分阶段对编制进度、质量进行检查控制，还应注重编制人员的参与和培训，充分发挥他们各自的专业优势，使他们掌握危险分析和应急能力评估结果，明确应急预案的框架、应急过程行动重点以及应急衔接、联系要点等。同时，应急预案应充分考虑和利用社会应急资源，与地方政府预案、相关部门的应急预案相衔接。

（三）电力应急预案的管理

1. 电力应急预案的评审与发布

应急预案编制完成后，应进行评审或者论证。由本企业主要负责人组织有关部门和人员进行应急预案评审。外部评审由上级主管部门或地方政府负责组织审查。评审后，按规定报有关部门备案，并经主要负责人签署发布。

（1）电力应急预案的评审方法。应急预案评审分为形式评审和要素评审，评审可采取符合、基本符合、不符合三种方式简单判定。对于基本符合和不符合的项目，应提出指导性意见或建议。

第一，形式评审。依据有关规定和要求，对应急预案的层次结构、内容格式、语言文字和制定过程等内容进行审查。形式评审的重点是应急预案的规范性和可读性。

第二，要素评审。依据有关规定和标准，从符合性、适用性、针对性、完整性、科学性、规范性和衔接性等方面对应急预案进行评审。要素评审包括关键要素和一般要素。为细化评审，可采用列表方式分别对应急预案的要素进行评审。评审应急预案时，将应急预案的要素内容与表中的评审内容及要求进行对应分析，判断是否符合表中要求，发现存在问题及不足。

关键要素指应急预案构成要素中必须规范的内容。这些要素内容涉及日常应急管理及应急救援时的关键环节，如应急预案中的危险源与风险分析、组织机构及职责、信息报告与处置、应急响应程序与处置技术等要素。

一般要素指应急预案构成要素中简写或可省略的内容。这些要素内容不涉及日常应急管理及应急救援时的关键环节，而是预案构成的基本要素，如应急预案中的编制目的、编制依据、适用范围、工作原则、单位概况等要素。

（2）电力应急预案的评审程序。应急预案编制完成后，应在广泛征求意见的基础上，采取会议评审的方式进行审查。会议审查应由电力企业组织，会议审查规模和参加人员根据应急预案涉及范围和重要程度确定。

第一，评审准备。应急预案评审的准备工作包括：①成立应急预案评审组，明确参加评审的单位或人员；②通知参加评审的单位或人员具体评审时间；③将被评审的应急预案在评审前送达参加评审的单位或人员。

第二，会议评审。会议评审可按照程序如下：①介绍应急预案评审人员构成，推选会议评审组组长；②应急预案编制单位或部门向评审人员介绍应急预案编制或修订情况；③评审人员对应急预案进行讨论，提出修改和建设性意见；④应急预案评审组根据会议讨论情况，提出会议评审意见；⑤讨论通过会议评审意见，参加会议评审人员签字。

第三，电力应急预案的意见处理。评审组组长负责对各位评审人员的意见进行归纳，综合提出应急预案评审的结论性意见。电力企业应按照评审意见，对应急预案存在的问题以及不合格项进行分析研究，对应急预案进行修订或完善。反馈意见要求重新审查的，应按照要求重新组织审查。

（3）电力应急预案的评审要点。电力应急预案评审应注意的要点包括：①应急预案的内容是否符合有关法规、标准和规范的要求；②应急预案的内容及要求是否符合本企业实际情况；③应急预案的要素是否符合指南评审表规定的要素；④应急预案是否针对可能发生的事故类别、重大危险源、重点岗位部位；⑤应急预案的组织体系、预防预警、信息报送、响应程序和处置方案是否合理；⑥应急预案的层次结构、内容格式、语言文字等是否简洁明了，便于阅读和理解；⑦综合应急预案、专项应急预案、现场处置方案以及其他部门或单位预案是否衔接。

2. 电力应急预案的备案

电力企业应依照相关规定，对已报批准的应急预案备案。中央管理的总公司（总厂、集团公司、上市公司）的综合应急预案和专项应急预案，报国务院国有资产监督管理部门、国务院安全生产监督管理部门和国务院有关主管部门备案；其所属单位的应急预案分别抄送所在地的省、自治区、直辖市或者设区的市人民政府安全生产监督管理部门和有关主管部门备案。

电力企业应急预案还对已报批准的应急预案进行备案。国家电监会城市电监办辖区内的电力企业向城市电监办备案，未设立城市电监办的省、自治区、直辖市范围内的电力企业，直接向所在区域电监局备案。中国南方电网有限责任公司、国家电网公司所属区域电网公司向区域电监局备案。

受理备案登记的部门应当对应急预案进行形式审查，经审查符合要求的，予以备案并出具应急预案备案登记表；不符合要求的，不予备案并说明理由。

3. 电力应急预案的宣传与培训

应急预案宣传和培训工作是保证应急预案贯彻实施的重要手段，提高事故防范能力的重要途径。电力企业应当每年至少组织一次应急培训。培训的主要内容应当包括本单位的应急预案体系构成、应急组织机构及职责、应急资源保障情况以及针对不同类型突发事件的预防和处置措施等，使应急预案相关职能部门及其人员增强危机意识和责任意识，明确应急工作程序，提高应急处置和协调能力。对本单位负责应急管理工作的人员以及专职或兼职应急救援人员进行相应知识和专业技能培训。

同时，还应加强对安全生产关键责任岗位的员工的应急培训，使其掌握生产安全突发事件的紧急处置方法，增强自救互救和第一时间处置突发事件的能力。在此基础上，确保所有从业人员具备基本的应急技能，熟悉企业应急预案，掌握本岗位事故防范与处置措施和应急处置程序，提高应急水平。

4. 电力应急演练

应急演练是应急准备的一个重要环节。应急演练是指来自多个机构、组织或群体的人员对假设事件，执行实际紧急事件发生时各自职责和任务的排练活动。通过演练，可以检验应急预案的可行性和应急反应的准备情况。通过演练，可以发现应急预案存在的问题，完善应急工作机制，提高应急反应能力。通过演练可以锻炼队伍，提高应急队伍的作战能力，熟悉操作技能。通过演练，可以教育广大员工，增强危机意识，提高安全生产工作的自觉性。为此，预案管理和相关规章中都应有对应急预案演练的要求。

5. 电力应急预案的修订与更新

应急预案必须与企业规模、机构设置、人员安排、危险等级、管理效率及应急资源等状况相一致。随着时间推移，应急预案中包含的信息，可能会发生变化。因此，为了不断完善和改进应急预案，并保持其时效性，电力企业应根据本企业实际情况，应急预案内容变化的实际情况，及时对应急预案进行更新和定期对应急预案进行修订。

应急预案修订前，电力企业应组织对应急预案进行评估，以确定应急预案是否需要进行修订和哪些内容需要修订。电力企业对应急预案进行更新与修订是一项经常性工作。通过对应急预案更新与修订，可以保证应急预案的持续适应性。同时，更新的应急预案内容应通过有关负责人认可，并及时通告相关部门和人员。修订的预案应经过相应的审批程序，并及时发布和备案。

第三章 电力电气设备的安全管理

第一节 电力电气保护设备与安全间距

一、电气保护设备

（一）继电保护

"继电保护是电力系统的重要组成部分，被称为电力系统的安全屏障，同时又是电力系统事故扩大的根源，做好继电保护工作是保证电力系统安全运行的必不可少的重要手段。"① 保护电器主要包括各种熔断器、磁力起动器的热继电器、过电流继电器和失压（欠压）脱扣器、自动空气开关的热脱扣器、电磁式过电流脱扣器和失压（欠压）脱扣器、漏电保护器、避雷器、接地装置等。

1. 继电保护分类

继电保护种类很多，构成方式各不相同，但是继电保护装置的基本工作原理是一致的，即反映电力系统各电气量在系统发生故障时与正常运行时的变化。例如，故障时，电流增大，电压降低，电流与电压相位角度变化等。利用这些量的变化可以构成不同原理的继电保护装置；反应电流增大构成过电流保护装置；反应电压降低（或升高）构成低电压（过电压）保护装置；反应电流与电压的比值及其相位角变化构成距离（阻抗）保护装置等。

继电保护装置一般由三部分组成：测量部分、逻辑部分及执行部分。测量部分一般称保护的交流回路，其作用是反映故障时系统各电气量的变化，以确定电力系统是否发生故障和不正常工作情况。逻辑部分和执行部分一般称为保护的直流回路，其作用是根据测量

---

① 刘长江，吴卓丽. 继电保护 ［J］. 中国科技投资，2017（18）：184.

回路的指令进行逻辑判断，以确定是否跳闸或发出信号。

（1）按继电保护构成原理，继电保护可分为以下方面：

第一，电流保护。电流保护包括无限时电流速断保护、限时电流速断保护、方向过电流保护、电压闭锁过电流保护、零序电流保护。

第二，阻抗保护。阻抗保护包括相间距离保护、接地距离保护、失磁保护。

第三，差动保护。差动保护包括纵联差动保护、横联差动保护、高频保护。

（2）按继电器的构成原理可分以下类型：

第一，机电型保护（包括感应型和电磁型）、整流型保护、晶体管型保护。

第二，行波保护、微波保护、电子计算机保护等。

2. 电气设备应配置的继电保护装置

发、变配电设备及输电线路一般常用的继电保护装置有过电流保护（有时限、无时限、方向、零序等）、差动保护、高频保护、距离保护、低电压保护、瓦斯保护及温度保护等。

（二）电力系统自动装置

1. 自动装置的作用及分类

（1）自动装置的作用。电力系统生产过程的监视、检测、调整、控制、事故处理以及事故后的快速恢复供电等，都必须依靠自动装置。由于电磁过程的快速和短暂，电力系统的某些要求较高的调整、操作、控制等，也只能依靠自动装置，才能达到预期的效果。

比如发电机的自动调整励磁和强行励磁装置，能提高电力系统稳定运行能力，防止系统电压崩溃，使继电保护准确切除故障，能提高系统电压质量。安装频率自动减载装置，可以防止系统有功电源突然欠缺时，引起系统频率崩溃。自动重合闸装置在故障切除以后，能快速恢复供电，恢复系统之间的联系，防止事故扩大。备用电源自动投入装置，可以保护当供电电源故障时，不致中断对重要用户供电，是保证发电厂厂用电和变电所所用电安全运行的良好措施。自动同期装置是保证并列操作的准确性，保证并列时系统及机组的安全，快速投入备用机组。自动装置减轻了运行人员精神高度紧张的劳动。

还有一些自动装置可以提高电力系统的自动化水平，实现安全运行的自动检测和监控，还可以实现电力系统的最佳经济调度。

（2）自动装置的种类。按其在电力系统中所起的作用，自动装置可分为以下类型：

第一，自动装置的作用是维持电力系统安全稳定运行，当系统万一失去稳定后，尽量缩小波及范围、减少负荷损失，尽快恢复供电。如自动调节励磁、强行励磁、强行减磁、自动重合闸、备用电源自动投入、按频率自动减负荷、自动调频、振荡解列等。这类自动装置通常称为电力系统中的安全自动装置。

第二，提高电力系统自动化水平，实现自动检测、安全监控、远方屏幕显示等自动装置。

2. 自动重合闸装置

电力系统采用重合闸装置，主要作用包括：一是大大地提高了供电可靠性，减少线路停电次数，减少运行人员事故处理的时间；二是在高压输电线路上采用重合闸，还可以提高电力系统并列运行的稳定性；三是纠正断路器本身机构不良或继电保护误动作而引起的误跳闸，大大减少事故的发生。

3. 自动按频率减负荷装置

电力系统中如某些机组或电源线路故障被切除，出现了功率缺额，系统频率下降，不仅影响电能质量，而且会给系统安全带来严重危害。为了提高供电质量，保证重要用户的供电需要，在系统中出现功率缺额而引起频率下降时，根据频率下降的程度，应自动切除一部分次要用户，制止频率下降。这种根据频率下降程度自动切除部分用户的装置，称为自动按频率减负荷装置，简称 ZPJH 装置。实现自动按频率减负荷的基本原则具体如下：

（1）系统中应切除负荷数量的确定。在一个具体的电力系统中，ZPJH 动作后切除多少负荷，应根据可能发生的最大功率缺额来考虑。如考虑系统中一台最大发电机突然事故停机，或系统中最大的发电厂突然全停，或者一条输送容量最大的输电线路突然事故断开等来考虑应切除的负荷数量。但所切除的负荷总数应小于最大功率缺额，因切除负荷以后并不要求频率恢复到额定，但所切除的负荷数也不能太少，原则是使频率恢复到保证系统能稳定运行，不致引起系统崩溃。

（2）自动按频率减负荷应分级进行。要保证可靠供电，应尽量少切负荷。因而所切负荷总数应根据频率下降程度分级切除，而且级数尽可能多一些。所切负荷，按重要程度的不同，依次分级。次要负荷在第一级，频率降低时首先切除，较为重要些的负荷放在第二级，在功率缺额较大，频率下降较多时，切除第二级，依此类推。

（3）第一级动作频率的确定。确定第一级减负荷频率，从两方面考虑：一方面，ZPJH 应尽快动作，将第一级动作频率 f_1 整定高些，后面各级动作频率也可以相应地高些，这样可使系统频率波动小些；另一方面，从用户来考虑，整定太高，动作频繁，对用户连续供电不利。第一级动作频率一般在 48~48.5Hz 之间，特殊情况下可为 47.5Hz，以水轮发电机为主的系统取低值，因水轮机调速系统动作较慢。

（4）最后一级动作频率的确定。最后一级动作频率，由系统所允许的最低频率来确定。以高温、高压电厂为主的系统，一般所允许的最低频率来确定。以高温、高压电厂为主的系统，一般取46~46.5Hz，因为频率低于45Hz时，高温高压电厂的厂用电，已不能正常工作。对其他电力系统，取45Hz，因为当频率低于45Hz时，一般发电机的励磁系统已不能正常工作，不能维持稳定运行。

（5）ZPJH各级之间应配合工作，动作要有选择性。ZPJH装置各级之间动作的选择性，是前一级动作后，若频率还继续下降，后一级才动作。通过对每一级动作频率的合理整定，才能获得各级之间的动作选择性。

合理选择各级动作频率的级差，是保证选择性的关键。要考虑系统发生最大功率缺额时频率下降的速度、频率继电器的误差、ZPJH装置动作的延时等因素。一般级差取0.5~0.65Hz。

应当指出，有时为了尽量少切除负荷，级数相应增多，即使造成各级之间无选择动作，也常常被认为是可行的。

（6）ZPJH装置动作后，稳定频率的数值与切除负荷的多少有关。切除负荷愈多，恢复频率愈高。为了不过多地切除负荷，并不需要使频率恢复到额定值，通常恢复频率的下限为48Hz，上限为49.5Hz。频率达到恢复频率之后，进一步恢复工作由运行人员处理。根据系统功率缺额及恢复频率的大小，可以算出需要切除负荷的总数。

（7）附加级。如果系统功率缺额较大，ZPJH装置各基本级动作之后，频率仍处于较低水平上，这时发电厂厂用电和系统的稳定运行都不利。为此，设置附加减负荷级（也称为特殊级），动作频率整定为47.5~48.5Hz。当其他基本级动作之后，系统频率稳定在此水平以下不再回升时，附加级动作，使频率回升到恢复频率。附加级带有足够延时，一般取15~25s，约为系统频率变化时间常数的2~3倍，防止频率在回升过程中即尚未稳定时附加级误动。

4. 备用电源自动投入装置

对于突然中断供电将会造成严重损失的重要用户，为了保证供电电源的安全可靠，除有工作电源供电之外，还有备用供电电源。

当工作电源因故障断开之后，或工作电源因某种原因失去电压之后，备用电源能自动快速地投入运行，将用户自动切换到备用电源上去，使用户不致因工作电源故障而停电。这种能使备用电源自动投入运行的装置叫作备用电源自动投入装置，简称BZT。对BZT装置的基本要求如下：

（1）只有在备用电源正常时，BZT装置才能投入使用。当备用电源无电压时，BZT装置应自动闭锁，因这时BZT装置动作也无效果。

（2）在备用电源正常的情况下，由工作电源供电的母线因任何原因失去电压时（正常操作除外），BZT 装置均应动作。

（3）在保证足够的去游离时间的情况下，BZT 装置应使供电设备停电时间最短，使电动机自启动能顺利进行。

（4）BZT 装置只应动作一次，以免在母线或引出线上发生永久性故障时，备用电源多次投放到故障点上，造成多次冲击。

（5）BZT 装置应在工作电源确已断开后，再投入备用电源，主要保证故障点有足够的去游离时间；一般情况下，备用电源断路器的合闸时间，已足够保证故障点空气的去游离。

（6）高、低压 BZT 装置之间应相互配合。

（7）电压互感器一次或二次一相熔断器熔断时，BZT 装置不应动作。

（三）常用保护电器

1. 熔断器

熔断器有管式熔断器、插式熔断器、螺塞式熔断器、盒式熔断器、羊角熔断器等多种形式。管式熔断器有两种：一种是纤维材料管，由纤维材料分解大量气体灭弧；另一种是陶瓷管，管内填充石英砂，由石英砂冷却和熄灭电弧。管式熔断器和螺塞式熔断器都是封闭式结构，电弧不容易与外界接触，适用范围较广。管式熔断器多用于大容量的线路，一般动力负荷大于 60A 或照明负荷大于 100A 者，应采用管式熔断器；螺塞式熔断器只用于小容量的线路。插式熔断器和盒式熔断器都是防护式结构，有瓷壳保护，常用于中、小容量的线路，后者主要用于照明线路。羊角熔断器是开启式结构，主要用于小容量线路的进户线上。

熔断器的熔体做成丝或片的形状。低熔点熔体由锑铜合金、锡铅合金、锌等材料制成；高熔点熔体由铜、银、铅制成。

保护特性（熔断特性或安秒特性）和分断能量是熔断器的主要技术参数。保护特性指流过熔体的电流与熔断时间的关系曲线。在临界电流长时间的作用下，熔体能达到刚刚不熔断的稳定温度。熔体的额定电流必须小于其临界电流。临界电流与额定电流之比称为熔化系数。熔化系数越小则过载保护的灵敏度越高。

2. 热继电器

热继电器和热脱扣器也是利用电流的热效应制成的。热继电器主要由热元件、双金属片、扣板、拉力弹簧、绝缘拉板、触头等元件组成。负荷电流通过热元件，并使其发热。

位于热元件近旁的双金属片被加热而变形。双金属片由两层热胀系数不一样的金属片冷压黏合而成，上层热胀系数小，下层热胀系数大，受热后向上弯曲。当双金属片向上弯曲到一定程度时，扣板失去约束，在拉力弹簧作用下迅速绕扣板轴逆时针转动，并带动绝缘拉板向右方移动而断开触头。

对于磁力起动器，热继电器的触头串联在吸引线圈回路中；对于减压起动器，热继电器的触头串联在失压脱扣器线圈回路中；而对于自动空气开关，热脱扣器直接把机械运动传递给开关的脱扣轴。这样，热继电器或热脱扣器的动作就能通过磁力起动器、减压起动器或自动空气开关断开线路。

同一热继电器或同一热脱扣器可以按照需要配用几种规格的热元件；每种热元件的动作电流还可在66%~100%的范围内调节。

3. 电磁式继电器

电磁式过电流继电器（或脱扣器）是依靠电磁力的作用进行工作的，主要由线圈和铁芯组成。线圈串联在主线路上，当线路电流达到继电器（或脱扣器）的整定电流时，在电磁吸力的作用下，衔铁很快被吸合。衔铁运行或者带动触头实现控制（继电器），或者驱动脱扣器轴实现控制（脱扣器）。

不带延时的电磁式过电流继电器（或脱扣器）的动作时间不超过0.1s，短延时的仅为0.1~0.4s。这两种都适用于短路保护。从人身安全的角度看，采用这种过电流保护电器有很大的优越性，因为它能大大缩短碰壳故障持续的时间，迅速消除触电的危险。

长延时的电磁式过电流继电器（或脱扣器）的动作时间都超过1s，而且具有反时限特性，适用于过载保护。

失压（欠压）脱扣器也是利用电磁力的作用进行工作的。所不同的是正常工作时衔铁处在闭合位置，而且吸引线圈在并联的线路上。当线路电压消失或降低至30%~65%时，磁铁被弹簧拉开，通过脱扣机构，减压起动器或自动空气开关断开电源。

选用电磁式继电器时，除应注意工作电流（电压）、吸合电源（电压）、释放电流（电压）、动作时间等参数符合要求外，还应注意其触头的分断能力、机械寿命和电气寿命、工作制等技术数据。

二、电气安全间距

为了防止人体触及或接近带电体造成触电事故，避免车辆或其他器具碰撞或过分接近带电体造成事故，防止火灾，防止过电压放电和各种短路事故，在带电体与地面之间，带电体与其他设施、设备之间，带电体与带电体之间均须保持一定的安全距离。安全距离的大小决定于电压的高低、设备的类型、安装的方式等因素。

（一）低压配电线路

1. 导线间距及档距

导线的过引线与杆上引下线至相邻导线的净空距离，导线至拉线、电杆、横担或构架表面净空距离应不小于标准数值。高压引下线与低压线间距离，应不小于0.2m。

配电线路的边线，在最大偏斜时，对房屋建筑物最近凸出部分的水平距离为：高压线路应不小于1.5m；低压线路应不小于1.0m。架空配电线路与通信线路交叉时，其交叉角度不得小于标准数值。

几种同杆架设时，电力线路必须位于弱电线路上方。高压线路必须位于低压线路的上方。架空线路断线接地时，为防止跨步电压伤人，在接地点周围8~10m范围内，不能随意进入。

2. 接户线和进户线

从配电线路到用户进线处第一个支持点之间的一段架空导线称为接户线；从接户线引入室内的一段导线称为进户线。接户线对地最小距离应符合标准规定。

3. 户内低压配线安全距离

户内低压配电线是指1kV以下的动力和照明配电线路。配电线与管道间最小距离应符合标准规定。

4. 电缆线路的安全距离

随工作环境的不同，电缆线可分为厂房内隧道或沟道电缆线路，直埋电缆线路，桥梁下吊挂电缆线路和水底电缆线路等。

（1）电缆之间、电缆与其他管道、道路、建筑物之间平行或交叉时的最小距离，应符合标准规定。严禁电缆线平行敷设于管道的上面或下面。

（2）电缆与铁路、公路、城市街道、厂区道路交叉时，应敷设于坚固的保护管或隧道内。电缆管的两端宜伸出道路两边各2m，伸出排水沟0.5m，在城市街道应伸出车道路口。

（3）沿电缆沟和隧道敷设的低压电缆应满足标准间距要求。从沟道引至电杆、设备、墙外面或房屋内行人容易接近的电缆，应加装电缆管或保护罩，其距地面的高度应大于2m。

（4）直埋电缆应埋设入冻土层以下，电缆表面距地面的距离不应小于0.7m；穿越农田时不应小于1m；66kV及以上的电缆不应小于1m。

（5）水底电缆必须贴于水底，有条件时宜埋入河床（海底）0.5m以下。当平行敷设时，电缆的间距不宜小于最高水位水深的两倍。当埋入河床以下时，其间距按埋设方式、埋设机的工作活动能力而定。

（二）配电装置安全距离

1. 室外配电装置安全距离

（1）各项安全净距不应小于标准规定。

（2）当电气设备的套管和绝缘子最低绝缘部位距地面小于 2.5m 时，应装设固定围栏。

（3）围栏向上延伸线距地 2.5m 处与围栏上方带电部分的净距不应小于标准值。

（4）室外配电装置、变压器的附近若有冷水塔或喷水池时，其位置宜布置在冷水塔或喷水池冬季主导风向的上风侧。

（5）变压器与露天固定油罐之间无防火墙时，其防火净距不应小于 15m，与其他火灾危险场所的距离不应小于 10m。

2. 室内配电装置安全距离

装有可燃性介质电容器的房间与其他生产建筑物分开布置时，其防火净距不应小于 10m，连接布置时，则其间隔的墙应为防火墙。

装有电气设备的箱、盒等应采用金属制品，电气开关及正常运行时产生火花的电气设备，应远离可燃物质的存放点，其最小间距不应小于 3m。海拔超过 1000m 时，标准应按每升高 100m 增大 1% 进行修正。

3. 通道安全距离

当采用成套手车式开关柜时，操作通道的最小宽度（净距）不应小于下列的数值：

一面有开关柜时，单车长+900mm；两面有开关柜时，双车长+600mm。

室外安装的变压器，其外廓之间的距离一般不应小于 1.5m，外廓与围栏或建筑物的间距应不小于 0.8m，室外配电箱底部离地面的高度一般为 1.3m。

通道内的裸导体高度低于 2.2m 时应加遮栏，但遮栏与地面的垂直距离应不小于 1.9m。

通道的一面装有配电装置，其裸露导电部分离地面低于 2.2m 且没有遮护时，则裸露导电部分与对面的墙或无裸露导电部分的设备之间的距离不应小于 1m。

通道两面均装有配电装置，或一面装有配电装置，另一面装有其他设备，其裸露导电部分离地面低于 2.2m 且没有遮护时，则两裸露导电部分之间的距离不应小于 1.5m。

高压配电装置宜与低压配电装置分室装设，如在同一室内单列布置时，两者之间的距离不应小于 2m。

配电装置的排列长度大于 6m 时，其维护通道应有两个出口（通向本室或其他房间），但当维护通道的净宽为 3m 及以上时，则不受限制。两个出口的距离不宜大于 15m。

4. 用电设备间距

车间的低压配电盘底口离地面的高度，暗装的可取 1.4m，明装的可取 1.2m。明装的电度表板底边离地面的高度可取 1.8m。

常用开关设备的安装高度为 1.3~1.5m，为了便于操作，开关手柄与建筑物之间应保持 150mm 的距离。扳把开关离地面的高度可取 1.4m。拉线开关离地面的高度可取 3m。明装插座离地面的高度可取 1.3~1.5m，暗装的可取 0.2~0.3m。

吊灯与地面的垂直距离应符合以下三条规定，否则应采用安全电压：

（1）正常干燥场所的屋内照明不应小于 1.8m。

（2）危险场所和较潮湿场所的屋内照明不应小于 2.5m。

（3）屋外照明不得小于 3m。

三、电气屏护及加强绝缘

（一）电气屏护

1. 屏护的应用

屏护是用屏护装置控制不安全因素，即采用遮栏、护罩、护盖、箱匣等将带电体同外界隔绝开来。屏护包括屏蔽和障碍。前者能防止人体无意识或有意识触及或过分接近带电体；后者只能防止人体无意识触及或过分接近带电体，而不能防止有意识移开或越过该障碍触及或过分接近带电体。

屏护装置有永久性的，如配电装置的遮栏、开关的罩盖等；也有临时性的，如检修工作中使用的临时屏护装置和临时设备的屏护装置。有固定屏护装置，如母线的护网；也有移动屏护装置，如跟随起重机移动的滑触线的屏护装置。

开关电器的可动部分一般不能包以绝缘，而需要屏护。其中，防护式开关电器本身带有屏护装置，如胶盖闸刀开关的胶盖、铁壳开关的铁壳等；开启式石板闸刀开关要另加屏护装置。开启裸露的保护装置或其他电气设备也要加设屏护装置。某些裸露的线路，如人体可能触及或接近的天车滑线或母线也要加设屏护装置。对于高压设备，由于全部绝缘往往有困难，如果人接近至一定程度时，即会发生严重的触电事故。因此，不论高压设备是否有绝缘，均应采取屏护或其他防止接近的措施。

开关电器的屏护装置除作为防止触电的措施外，还是防止电弧伤人，防止电弧短路的重要措施。

变配电设备应有完善的屏护装置。安装在室外地上的变压器，以及安装在车间或公共场所的变配电装置，均须装设遮栏和栅栏作为屏护。

在邻近带电体的作业中，经常采用可移动的遮栏作为防止触电的重要措施。这种检修遮栏用干燥的木材或其他绝缘材料制成。使用时将其置于过道、入口或置于工作人员与带电体之间，可保证检修工作的安全。

对于一般固定安装的屏护装置，因其不直接与带电体接触，对所用材料的电气性能没有严格要求。屏护装置所用材料应有足够的机械强度和良好的耐火性能可根据具体情况，采用板状屏护装置或网眼屏护装置。网眼屏护装置的网眼不应大于 20mm×20mm ~ 40mm×40mm。

2. 屏护安全条件

屏护装置是最简单的，也是很常见的安全装置。为了保证其有效性，屏护装置须符合以下安全条件：

（1）屏护装置应有足够的尺寸。遮栏高度不应低于 1.7m，下部边缘离地不应超过 0.1m。对于低压设备，网眼遮栏与裸导体距离不宜小于 0.15m；10kV 设备不宜小于 0.35m；20~30kV 设备不宜小于 0.6m。户内栅栏高度不应低于 1.2m，户外不应低于 1.5m。

（2）保证足够的安装距离。对于低压设备，栅栏与裸导体距离不宜小于 0.8m，栏条间距离不应超过 0.2m。户外变电装置围墙高度一般不应低于 2.5m。

（3）接地。凡用金属材料制成的屏护装置，为了防止屏护装置意外带电造成触电事故，必须将屏护装置接地（或接零）。

（4）标志。遮栏、栅栏等屏护装置上，应根据被屏对象挂上"高压，生命危险""止步！高压危险""禁止攀登！高压危险"等标志牌。

（5）信号或联锁装置。应配合采用信号装置和联锁装置。前者一般是用灯光或信号、表计指示有电；后者是采用专门装置，当人体越过屏护装置可能接近带电体时，被屏护的装置自动断电。屏护装置上锁的钥匙应有专人保管。

（二）加强绝缘

1. 加强绝缘结构

加强绝缘包括双重绝缘、加强绝缘以及另加总体绝缘等三种绝缘结构形式。双重绝缘指工作绝缘（基本绝缘）和保护绝缘。工作绝缘（基本绝缘）是保证设备正常工作和防止触电的基本绝缘；保护绝缘是当工作绝缘损坏后用于防止触电的绝缘。单一的加强绝缘应具有上述双重绝缘同等的绝缘水平。另加总体绝缘是指若干设备在其本身工作绝缘的基础上另外装设的一套防止触电的附加绝缘物。具有加强绝缘的电气设备属于Ⅰ级设备。

2. 双重绝缘的基本条件

（1）绝缘电阻和电气强度。绝缘电阻用 500V 直流电压测试。工作绝缘（带电部件与不可触及的金属之间）的绝缘电阻不得低于 2MΩ，保护绝缘（不可触及的金属与可触及的金属之间）的绝缘电阻不得低于 5MΩ，加强绝缘不得低于 7MΩ。

交流耐压试验。其试验电压工作绝缘为 1250V，保护绝缘为 2500V，加强绝缘为 3750V。

做直流泄漏电流试验时，对于额定电压不超过 250V 的Ⅰ级设备，试验电压为其额定电压上限值或峰值的 1.06 倍，施加电压后 5s 内读数，泄漏电流不得超过 0.25mA。

（2）外壳防护和机械强度。Ⅰ级设备应能保证在正常工作时以及在打开门盖和拆除可拆卸部件时，人体不得触及仅用工作绝缘与带电体隔离的金属部件。其外壳上不得有容易触及上述金属部件的小孔。

如果用绝缘外护物实现加强绝缘，则外护物必须用钥匙或工具才能开启；其上不得有金属件穿过，并有足够的绝缘水平和机械强度。凡属加强绝缘的设备，不得再接地或接零。

（3）电源连接线。Ⅰ级设备的电源连接应按加强绝缘考虑。电源插头不得有起导电作用以外的金属件。电源连接与外壳之间至少应有两层单独的绝缘层并能有效地防止损伤。电源线的固定件应使用绝缘材料；如用金属材料，则应加以保护绝缘等级的绝缘。

3. 不导电环境

不导电环境是指地板和墙都用不导电材料制成，即大大提高了绝缘水平。这种场所必须符合以下安全要求：

（1）电压 500V 及以下者，地板和墙每一点的电阻不应小于 50kΩ；电压 500V 以上者不应小于 100kΩ。

（2）保持间距或设备屏障，防止人体在工作绝缘损坏后同时触及不同电位的导体。

（3）具有永久性特征，为此，场所不会因受潮而失去不导电性能，不会因引起其它设备放电而降低安全水平。

（4）为了保持不导电特征，场所内不得有保护零线或保护地线。

（5）有防止场所内可能出现的高电位引出场所范围的措施。

四、安全电压

"电在造福人类的同时，也潜藏着危险，即在用电过程中有发生触电事故的可能。预防措施很多，采用'安全电压'就是措施之一。"[1] 在一些触电危险性较大的场所使用移动的或手持的电气设备（如行灯、电钻等）时，为了预防人身触电事故，可用安全低电压作电源。根据欧姆定律，电压越低，电流也就越小。因此，可以把可能加在人身上的电压限制在某一范围之内，使得在这种电压下，通过人体的电流不超过允许的范围，这一电压就叫作安全电压，也叫作安全特低电压或安全超低电压。具有安全电压的设备属于II类设备。

（一）安全电压值及其应用

"安全电压是指人体较长时间接触而不致发生触电危险的电压，其数值与人体可以承受的安全电流及人体电阻有关。"[2] 人体允许电流是在人体遭电击后可能延续的时间内不至于危及生命的电流。一般情况下，人体允许电流可按摆脱电流考虑；在装有防止触电的速断保护装置的场合，人体允许电流可按 30mA 考虑；在容易发生严重二次事故的场合，应按不至于引起强烈反应的 5mA 考虑。

我国规定工频安全电压的上限值，即在任何情况下，两导体间或任一导体与地之间均不得超过的工频有效值为 50V。这一限值是根据人体允许电流 30mA 和人体电阻 1700Ω 的条件定的。国际电工委员会还规定了直流安全电压的上限值为 120V。

我国规定工频有效值 42V、36V、24V、12V、6V 为安全电压的额定值。如无特殊安全结构或安全措施，应采用 42V 或 36V 安全电压；金属容器内、隧道内、矿井内等工作地点狭窄、行动不便，以及周围有大面积接地导体的环境，应采用 24V 或 12V 安全电压。当电气设备采用 24V 以上的安全电压时，必须采取直接接触电击的防护措施。

（二）电源及回路配置

1. 安全电压

通常采用安全隔离变压器作为安全电压的电源。这种变压器原、副边之间有良好的绝缘；其间还可以用接地的屏蔽隔离开来。除隔离变压器外，具有同等隔离能力的发电机、蓄电池、电子装置等均可做成安全电压电源。但不论采用什么电源，安全电压边均应与高压边保持加强绝缘的水平。

---

[1]孔令文. 安全电压与安全用电 [J]. 湖南农机, 2009 (12)：27.
[2]依布拉音·沙依木. 谈谈安全电压 [J]. 城市建设理论研究（电子版），2012 (17).

2. 回路配置

安全电压回路的带电部分必须与较高电压的回路保持电气隔离，并不得与大地、保护接零（地）线或其他电气回路连接。但变压器外壳及其原、副边之间的屏蔽隔离层应按规定接零或接地。

安全电压的配线最好与其他电压等级的配线分开敷设。否则，其绝缘水平应与共同敷设的其他较高电压等级配线的绝缘水平一致。

3. 插销座

安全电压设备的插座不得带有接零或接地插头或插孔。为了保证不与其他电压的插销座有插错的可能，安全电压应采用不同结构的插销座，或者在其插座上有明显的标志。

4. 短路保护

为了进行短路保护，安全电压电源的原、副边均应装熔断器。

（三）功能特低电压

如果电压值与安全电压值相等，而由于功能上的原因，电源或回路配置不完全符合安全电压的要求，则称之为功能特低电压。其补充安全要求为：装设必要的屏护或加强设备的绝缘，以防止直接接触电击；当该回路同原边保护零线或保护地线连接时，原边应装设防止触电的自断电装置，以防止间接接触电击。其他要求与安全电压相同。

（四）电气隔离

电气隔离指工作回路与其他回路实现电气上的隔离。电气隔离是通过采用1∶1，即原、副边电压相等的隔离变压器来实现电气隔离的保护原理是在隔离变压器副边构成了一个不接地的电网，因而阻断了在副边工作的人员单相触电时电击电流的通路。电气隔离的回路必须符合以下条件：

1. 变压器原、副边有加强绝缘

由于变压器的原边零线是接地的，如果变压器的原、副边之间有电气连接，当有人在副边单相触电时就可能通过原、副边的连接处，经原边的接地电阻构成回路。因此，电源变压器的原、副边不得有电气连接，并具有加强绝缘的结构。

2. 副边保持独立

为保证安全，隔离回路不得与其他回路及大地有任何连接。凡采用电气隔离作为安全措施的，还必须有防止副边回路故障接地和串联其他回路的措施。因为一旦副边发生接地故障，这种措施将完全失去安全作用。对于副边回路较长者，还应装设绝缘监测装置。

3. 副边线路要求

副边线路电压过高或线路过长，都会降低回路对地绝缘水平，增大故障接地危险。因此，须限制电源电压和副边线路的长度。按规定，应保证电源电压 U≤500V，线路长度 L≤200m，电压与长度的乘积 UL≤100 000V×m。

4. 等电位连接

如果没有等电位连接线，当隔离回路中两台距离较近的设备发生不同相线的碰壳故障时，这两台设备外壳将带有不同的对地电压。如有人同时触及这两台设备，则接触电压为线电压，触电危险性极大。因此，如隔离回路带有多台用电设备（或器具），则各台设备（或器具）的金属外壳应采取等电位连接措施。这时，所用插座应带有供等电位连接的专用插孔。

第二节　电力电气设备的安全选用

一、高压电器的安全选用

（一）选用电器的技术条件

选择的高压电器，应能在长期工作条件下发生过电压、过电流的情况下保持正常运行。

1. 长期工作条件

（1）电压。选用的电器允许最高工作电压 U_{max} 不得低于该回路的最高运行电压 U_g，即 $U_{max} \geq U_g$。

（2）电流。选用电器额定电流 I_n 不得低于所在回路各种可能运行方式下的持续工作电流 I_g，即 $I_n \geq I_g$。

由于变压器短时过载能力很大，双回路出线的工作电流变化幅度也较大，故其计算工作电流应根据实际需要确定。

高压电器没有明确的过载能力，所以在选择其额定电流时，应满足各种可能运行方式下回路持续工作电流的要求。

（3）机械荷载。所选电器端子的允许荷载，应大于电器引线在正常运行和短路时的最大作用力。电器机械荷载的安全系数，由制造部门在产品制造中统一考虑。套管和绝缘子的安全系数不应小于标准数值。

2. 绝缘水平

在工作电压和过电压的作用下，电器的内外绝缘应保证必要的可靠性。电器的绝缘水平，应按电网中出现的各种过电压和保护设备相应的保护水平来确定。当所选电器的绝缘水平低于国家规定的标准数值时，应通过绝缘配合计算，选用适当过电压保护设备。

（二）环境条件要求

1. 温度

按国标《交流高压电器在长期工作时的发热》的规定，普通高压电器在环境最高温度为+40℃时，允许按额定电流长期工作。当电器安装点的环境温度高于+40℃（但不高于60℃时），每增高1℃，建议额定电流减少1.8%；当低于+40℃时，每降低1℃，建议额定电流增加0.5%，但总的增加值不得超过额定电流的20%。

普通高压电器一般可在环境最低温度为-30℃时正常运行。在高寒地区，应选择能适应环境最低温度为-40℃的高寒电器。

在年最高温度超过40℃，而长期处于低湿度的干热地区，应选用型号带"TA"字样的干热带型产品。

2. 日照

屋外高压电器在日照影响下将产生附加温度。但高压电器的发热试验在避免阳光直射的条件下进行的。如果制造部门未能提出产品在日照下额定载流量下降的数据，在设计中可暂按电器额定电流的80%选择设备。

3. 风速

一般高压电器可在风速不大于35m/s的环境下使用。

选择电器时所用的最大风速，可取离地10m高、30年一遇的10min平均最大风速。最大设计风速超过35m/s的地区，可在屋外配电装置的布置采取措施。阵风对屋外电器及电瓷产品的影响，应由制造部门在产品设计中考虑，可不作为选择电器的条件。

台风经常侵袭或最大风速超过35m/s的地区，除向制造部门提出特殊订货外，在设计布置时应采取有效防护措施。如降低安装高度、加强基础固定等。

4. 冰雪

在积雪和覆冰严重的地区，应采取措施防止冰串引起瓷件绝缘对地闪络。

隔离开关的破冰厚度一般为 10mm。在重冰区（如云贵高原，山东、河南部分地区，湘中、粤北重冰地带以及东北部分地区），所选隔离开关的破冰厚度应大于安装场所的最大覆冰厚度。

5. 湿度

选择电器运行允许的湿度，应采用当地相对湿度最高月份的平均相对湿度（相对湿度为在一定温度下，空气中实际水汽压强值与饱和水汽压强值之比；最高月份的平均相对湿度为该月中日最大相对湿度值的月平均值）。对湿度较高的场所（如岸边水泵房等），应采用该处实际相对湿度。当无资料时，可取比当地湿度最高月份平均值高 5% 的相对湿度。

一般高压电器可使用在 +20℃，相对湿度为 90% 的环境中（电流互感器为 85%）。在长江以南和沿海地区，当相对湿度超过一般产品使用标准时，应选用湿热带型高压电器。这类产品的型号后面一般都标有"TH"字样。

6. 污秽

在距海岸 1~2km 或盐场附近的盐雾场所，在火电厂、炼油厂、冶炼厂、石油化工厂和水泥厂等附近含有由工厂排出的二氧化硫、硫化氢、氨、氯等成分烟气、粉尘等场所，在潮湿的气候下将形成腐蚀性或导电的物质。污秽地区内各种污物对电气设备的危害，取决于污秽物质的导电性、吸水性、附着力、数量、比重及距污源的距离和气象条件。在工程设计中，应根据污秽情况选用以下措施：

（1）增大电瓷外绝缘的有效泄漏比距或选用有利于防污的电瓷造型，大小伞、大倾角、钟罩式等特制绝缘子。

（2）采用屋内配电装置。2 级及以上污秽区的 63~110kV 配电装置采用屋内型。当技术经济合理时，污秽区 220kV 配电装置也可采用屋内型。

盐密指由普通悬式绝缘子（X-4.5）所组成的悬垂悬串上测得值。化工厂及冶金厂附近的变电所，可根据污源所排放的导电气体和导电金属粉尘的严重程度分别列为 2 级或 3 级污秽。

有冷水塔的发电厂，其污秽等级可根据电厂烟囱的除尘效率及冷水塔是否装设除水器等条件，确定列为 2 级或 3 级污秽。泄漏比距计算取系统额定线电压。

7. 海拔

电器的一般使用条件为海拔高度不超过 1000m。海拔超过 1000m 的地区称为高原地区。

高原环境条件的特点是：气压气温低，日温差大，绝对湿度低，日照强。对电器的绝缘、温升、灭弧、老化等的影响是多方面的。

在高原地区，由于气温降低足够补偿海拔对温升的影响，因而在实际使用中其额定电流值可与一般地区相同。

对安装在海拔超过 1000m 地区的电器外绝缘一般应加强，可选用高原型产品或选用外绝缘提高一级的产品。在海拔 3000m 以下地区，220kV 及以下配电装置也可选用性能良好的避雷器来保护一般电器的外绝缘。

由于现有 110kV 及以下大多数电器的外绝缘有一定裕度，故可使用在海拔 2000m 以下的地区。

8. 地震

地震对电器的影响主要是地震波的频率和地震振动的加速度。一般电器的固有振动频率与地震振动频率很接近，应设法防止共振的发生，并加大电器的阻尼比。地震振动的加速度与地震烈度和地基有关，通常用重力加速度 g 的倍数表示。

选择电器时，应根据当地的地震烈度选用能够满足地震要求的产品。电器的辅助设备应具有与主设备相同的抗震能力。一般电器可以耐受地震烈度为 8 度的地震力。在安装时，应考虑支架对地震力的放大作用。根据有关规程的规定，地震基本烈度为 7 度及以下地区的电器可不采取防震措施。在 7 度以上地区，电器应能承受相应的地震力。

（三）负荷开关的安全选择

高压负荷开关专门用在高压装置中通断负荷电流，为此负荷开关具有灭弧装置。但它的断流能力不大，因此不能用于开断短路电流。在使用负荷开关时，线路的短路故障电流借助与它串联的高压熔断器进行保护。在选择负荷开关时，也应根据一般条件来选择。

（四）高压熔断器的安全选择

常用的高压熔断器有 RN 型户内式和 RW 型户外式两类。其中 RN_1 型适用于 3~5kV 电力线路和电气设备做短路和过负荷保护；RN_2 型适用于 3~35kV 的电压互感器做短路保护；RW 型适用于一般户外场所，做电力线路和电力变压器的短路保护，以及做小容量变压器的接通和断开之用。

选择高压熔断器时，除应按照一般条件，满足工作电压和工作电流外，还应考虑其断流容量。

（五）电流互感器和电压互感器的安全选择

1. 电流互感器的选择

电流互感器的二次侧额定电流一般是 5A。在选择电流互感器时除了按照元件的一般条件进行选择和校验外，因为它是用于测量的，所以对测量的准确度是有一定要求的。

电流互感器的准确度通常分为很多等级，如 0.2 级、0.5 级、1 级、3 级等。如果功率消耗超过该准确度所允许的数值范围，则电流互感器的准确度将降低。

电流互感器二次侧的负载包括所有接仪表和继电器电流线圈的电阻、导线电阻及连接处的接触电阻等。

2. 电压互感器的选择

选择电压互感器除了考虑它的型式和额定电压，也要考虑它的准确度。和电流互感器一样，也要使它二次侧所接的负荷（电压表和其他仪表及继电器的电压线圈）不得超过其额定负荷。

实用中，须注意负载应尽量在电压互感器二次侧上分布平衡；电压互感器和负载的连接线截面一般取 $1.5 \sim 40 mm^2$。

（六）母线、绝缘子和穿墙套管的安全选择

1. 母线的选择

母线的常用材料是铜和铝。母线的形状大多采用矩形。其固定方式多为横设和立设，横设电线的允许载流量较立设的小 $5\% \sim 8\%$，但能承受较大的机械作用力。

2. 绝缘子及穿墙套管的选择

绝缘子通常用在支柱式和套管式。支柱式用于支持电器的载流部分；套管式用于穿过墙壁的导线。所有绝缘子都须按照额定电压、装置种类和允许荷重进行选择，套管式绝缘子还应考虑其额定电流。

（七）避雷器的安全选择

"避雷器是保护电力系统免受过电压侵害的重要电气设备，在高电压等级输变电系统中应用广泛，其安全性能对维护网络可靠运行意义重大。"[1]

1. 避雷器的选择步骤

选择避雷器时，通常经过以下步骤：

（1）确定系统的额定电压和频率。

（2）明确避雷器限制的过电压种类以及它保护的对象，估算流过避雷器的雷电流，选

---

[1]杜修明，童涛，龙国华，等．一起 500kV 避雷器故障原因分析［J］．电瓷避雷器，2022（3）：61-67.

择避雷器的型式和等级。

（3）计算避雷器安装处可能出现的最大电压升高，然后据此选择避雷器额定电压值。

（4）查阅避雷器的保护水平，用以验算保护裕度或配合系数。

（5）当选择用于频繁发生操作过电压场所的避雷器时，例如保持输电线路的串联或并联补偿电容器组和真空开关控制的经电缆馈电的冶炼熔炉变压器等设备，氧化锌避雷器的性能更为理想。

（6）要附加考虑的问题。例如安装地点的高度、是否有强烈震动和严重污秽、被保护设备的特殊性等。当避雷器至被保护设备的连接导线较长时，应该校核这段导线附加的压降对保护裕度的影响。

我国 3~110kV 系统的避雷器各项电气性能与系数参数之间的配合均在避雷器标准中加以规范化，因此对正常绝缘的设备在选择避雷器时，校验步骤可大为简化。

海拔愈高，愈应加以重视。另外，还要在安装场所检验避雷器的密封性能，测量碳化硅避雷器的工频放电电压。

旋转电机防雷需要保护水平相当低的避雷器，运行中的电机防雷保护还须加装电容器、电缆进线段和电抗器等辅助装置。其中，电容器的应用平缓了入侵波的陡度，不仅有利于电机的匝间绝缘，还可使避雷器在响应时，其两端呈现的压降不致超过电机的耐受强度。带串联间隙或并联间隙的氧化锌避雷器即为解决问题的措施之一。

2. 氧化锌避雷器的选择

（1）计算或实测避雷器安装处长期的最大工作电压。安装于相与地之间的避雷器，此电压为安装处最大线电压除以根号三。变电所是送端还是受端，长期相电压是不同的，还要考虑不同运行方式可能出现的不利条件。这样根据计算或实测的系统最高工作电压确定氧化锌避雷器的持续运行电压。

（2）根据中性点接地情况，考虑单相接地、甩负荷、发电机电压上升及线路末端容升效应等因素，确定氧化锌避雷器安装点的暂态工频过电压幅值，选择避雷器的额定电压大于或等于此电压。

（3）氧化锌避雷器的残压与被保护设备绝缘水平相配合。正常绝缘的输变电设备和避雷器电气距离符合过电压保护规程要求时，其安全系数 K 都相应满足下列数值：

当避雷器紧靠被保护设备时，$K \geqslant 1.25$。

当避雷器不紧靠被保护设备时，$K \geqslant 1.4$。

（4）通流能力选择。对 220kV 及以下电网，氧化锌避雷器的通流能力远大于普通阀型避雷和磁吹阀型避雷器，但仍应验算。对大容量电容器组和 500kV 系统及一些特殊地方，要进行专门的计算。

（5）标称放电电流的选择。3~220kV 电压等级的系统用 5kA。

二、低压电器的安全选用

（一）低压设备安全选择的一般要求

1. 按正常工作条件选择

（1）低压保护控制设备的额定电压应不低于所在网络的额定电压。其额定频率应符合所在网络的额定频率。

（2）低压、保护控制设备的额定电流应不低于所在回路的负荷计算电流。

2. 按短路工作条件选择

（1）可能通过短路电流的低压保护控制设备，应尽量满足在短路条件下动稳定和热稳定的要求。

（2）断开短路电流的低压保护控制设备，应尽量满足在短路条件下的分断能力。

根据不同变压器容量和高压侧短路容量计算出低压母线短路电流后，即可校验变电所内的主要低压保护控制设备。

（二）按使用环境选择

1. 电工产品使用环境条件

按各类环境中影响电工产品的主要因素，确定各因素的等级，并组合为产品的环境条件，从而设计制造出相应防护类型的产品。

2. 多尘场所

多尘作业的场所，其空间含尘浓度的高低随作业的性质、空气湿度、风向等不同而有很大的差异。多尘场所中灰尘的量值用在空气中的浓度或沉降量来衡量。

通常当灰尘和砂尘沉积在绝缘表面时，会因吸潮而使电器绝缘性能下降，而导致灰尘更易造成绝缘漏电或短路现象。当电器触点上有砂尘沉积时，接触电阻即增大，甚至引起触头烧坏。酸性和碱性的灰尘均易潮解，从而使电工产品的金属零部件产生腐蚀。

存在非导电灰尘的一般多尘场所，宜采用防尘型（IP5X 级）电器。对于多尘场所或存在导电性灰尘的一般场所，宜采用密封型（IP6X 级）电器。

3. 化工腐蚀场所

空气中存在氯、氯化氢、二氧化硫、氧化氮、氨、硫化氢等气体的场所，当任一种成分达到或超过规定浓度，且空气相对湿度经常高于70%时，即划为化工腐蚀场所。相对湿度低于70%的干燥环境中，上述气体就没有腐蚀作用。

4. 热带地区

热带地区根据常年空气的干湿程度分为湿热带和干热带。湿热带系指1d内有12h以上气温不低于20℃、相对湿度不低于80%的天数，全年累计在2个月以上的地区。其气候特征是高温伴高湿。干热带系指年最高气温在40℃以上而长期处于低湿度的地区。其气候的特征是高温伴随低湿，气温日常变化大，日照强烈且有较多的沙尘。

热带气候条件对低压控制设备的影响具体如下：

（1）由于空气高湿高温、凝露及霉菌等作用，电器的金属件及绝缘材料容易腐蚀、老化、绝缘性能降低、外观受损。

（2）由于日温差大的强烈日照的影响，密封材料产生变形开裂、熔化流失、导致密封结构的泄漏、绝缘油等介质受潮劣化。

（3）低压控制电器在户外使用时，如受太阳辐射，其温度升高，将影响其载流量。如受雷暴、雨、盐雾的袭击，将影响其绝缘强度。

湿热带地区宜选用湿热带型产品，其代号为TH。干热带地区宜选用干热带型产品，它可通用于湿热带和干热带，其代号为T。上述代号加注于电工产品型号的末尾后面。

（三）熔断器的安全选择

1. 熔断器熔体电流的确定

熔体额定电流的选择应同时满足正常工作电流和起动尖峰电流两个条件，并按短路电流校验其动作灵敏性。

（1）按正常工作电流选择：

$$I_{Nr}I_{js} \tag{3-1}$$

（2）按起动尖峰电流选择：

第一，单台电动机回路：

$$I_{Nr}KI_{qd} \tag{3-2}$$

第二，配电线路：

$$I_{Nr}K_r[I_{gd1}+I_{js(n-1)}] \tag{3-3}$$

第三，照明线路：

$$I_{Nr}K_mI_{js} \tag{3-4}$$

式中：I_{Nr}——熔体的额定电流；

I_{js}——线路的计算电流；

I_{qd}——电动机的起动电流；

I_{gd1}——线路中起动电流最大的一台电动机的起动电流；

$I_{js(n-1)}$——除起动电流最大的一台电动机以外的线路计算电流；

K——熔体选择计算系数，取决于电动机起动状况和熔断器特性；

K_r——配电线路熔体选择计算系数，取决于最大一台电动机的起动状况，线路计算电流与尖峰电流之比和熔断器特性，当 I_q 很小时取 1，当 I_{qd1} 较大时取 0.5~0.6，当 $I_{js(n-1)}$ 很小时可按 K 考虑；

K_m——照明线路熔体选择计算系数，取决于电光源起动状况和熔断器特性。

（3）按短路电流校验动作灵敏性：

为使熔断器动作可靠，必须校验其灵敏性：

$$\frac{I_{dmin}}{I_{Nr}}K_{er} \tag{3-5}$$

式中：I_{dmin}——被保护线路最小短路电流，安在中性点接地系统中为单相接地短路电流 I^1，在中性点不接地系统中为两相短路电流 $I_d^{(1)}$。

K_{er}——熔断器动作系数，一般为 4，0 区、1 区、10 区级爆炸危险场所为 5。

2. 熔断器熔管电流的确定

按熔体的额定电流及产品样品所列数据，即可确定熔断器熔管的额定电流。

（四）自动开关的安全选择

自动开关主要用于配电线路和电气设备的过载、欠压、失压和短路保护。

1. 自动开关额定电流的确定

$$I_{Nz}I_{is} \tag{3-6}$$

式中：I_{Nz}——自动开关脱扣器的额定电流，A；

I_{is}——线路的计算电流，A。

2. 瞬时动作的过电流脱扣器的整定

配电用自动开关的瞬时过电流脱扣整定电流，应躲过配电线路的尖峰电流，即：

$$I_{zd3}K_{z3}\left[I'_{qd1}+I_{js(n-1)}\right] \tag{3-7}$$

式中：K_{z3}——自动开关瞬时脱扣器可靠系数，考虑电动机起动电流误差，负荷计算误差和自动开关瞬时动作电流误差，取 1.2；

I'_{qd1}——线路中起动电流最大一台电动机的全起动电流，A，它包括周期分量和非周期分量，其值为电动机起动电流 I_{qd1} 的 1.7 倍，其中 1.7 是计入了非周期分量的因素；

$I_{js(n-1)}$——除起动电流最大的一台电动机以外的线路计算电流，A。

选择型自动开关瞬时脱扣器电流整定值 I_{zd3} 不仅应躲过被保护线路正常的尖峰电流，而且满足被保护线路各级间选择性要求，即大于或等于下一级自动开关瞬时动作电流整定值的 1.2 倍，还须躲过下一级开关所保护线路故障时的短路电流。

非选择型自动开关瞬时脱扣器电流整定值，只要躲过回路的尖峰电流即可，而且应尽可能整定得小一些。

第三节　电力电气设备的储运与维修

一、电气设备安全储存的一般技术

（一）自然因素对电气设备的影响

由于我国幅员辽阔，各地区的气候条件悬殊，南方湿热带地区（如广州、海南等），一年四季大部分时间既潮湿又炎热，最热月份平均相对湿度在 90%，平均气温超过 25℃。西北干燥地区（如青海、甘肃等地），最热月份平均相对湿度在 15%，平均气温也超过 25℃，并多砂土，冬季有严重冰冻。北方寒冷地区（如黑龙江省），最冷月份平均最低气温在零下 35℃，最热月份平均相对湿度在 60%，冬季多强烈的寒风和严重冰冻。因此，各地对产品储存时的保管、保养要求也各有侧重。

1. 气温

过高的气温（40℃以上）对电工产品来说，会使大部分有机绝缘材料和橡胶制品加速老化，或受压变形。

过低的气温（一般在低于零下 10℃），又会使电工产品里的润滑油黏性变大，可动部件的灵敏度减退；有些橡胶或塑料及其混合物制品，在极端温度（低于零下 40℃）条件下，也会出现失去弹性或黏性，变得硬脆，遇到强烈震动、撞击或扭曲时，则极易断裂。

2. 湿度

湿度的大小，对电工器材的影响很大，尤其是在温度和湿度都很高的情况下，影响就更为严重。如湿度过大（相对湿度大于 85%，气温在 25℃以上）时，就会使通风机件、电器及纤维绝缘制品受潮，使绝缘性能迅速下降，甚至引起漏电，发生触电事故；一些电工产品，会因零件受潮而影响其精确度或发生故障；金属零部件则易氧化锈蚀；一些无防霉剂的胶木制品及外壳或易吸潮的纤维材料（包括包装材料），在一定温度条件下，表面容易长霉。但如果温度太低，空气过分干燥，也会影响其他电工产品的质量，其中以木制品的干裂现象最为显著。

3. 大气

大气中经常存在着多种气体，其中有大量的氧气。氧与金属表面接触后，就易发生氧化，这对钢铁制品的影响最为明显。在一些化工厂附近，大气中又常常存在着酸、碱、盐类等有害气体，这会使一些金属制品的表面发生腐蚀。此外，在一些电气控制设备或发电设备附近，经常产生出电火花，与空气中的氧接触后，即变成臭氧。而臭氧对橡胶或某些塑料及其制品也会起加速老化的作用。

4. 日照

强烈的日光照射，会使某些材料产生化学分解。例如聚氯乙烯塑料制品，经强烈日光照射会加速其增塑剂的挥发而促进老化。同时由于日光中紫外线的作用会使橡胶、塑料、漆膜及有颜色的材料褪色或发生龟裂现象；电器的绝缘材料则易产生老化。因此，电工产品受潮后，一般不宜在日光下曝晒驱潮。

5. 盐雾

盐雾是指含有盐分的潮湿空气。这种情况常存在于南方潮湿炎热的沿海地区。盐雾对电工产品影响很大，如果在产品表面凝结成露后其危害性更大。这主要因为它会破坏电器的绝缘性能及金属的保护层，甚至使底金属发生腐蚀。

6. 霉菌

霉菌是一种低级生物，寄生于能供给它养料的有机材料，如木材、棉、麻纤维等上面。最有利于霉菌生长条件是：温度 20~35℃，相对湿度大于 80%，特别在不通风条件下，霉菌生长发展最快。当温度低于 0℃或高于 40℃，相对湿度低于 75%，一般霉菌即停止生长。霉菌抵抗日光的能力很低，在日光较强的地方，它就难以生存。对电工产品来说，霉菌会腐蚀有机绝缘材料，使电绝缘显著下降。通常以长霉的形状上可以表明长霉的程度：呈点状的是微霉，网状的是中霉，块状的是重霉。微霉经过阴凉和揩试，一般在产品外表即不留有痕迹；中霉会留有轻度的痕迹；而重霉则不易揩试干净，并会影响产品质量。

7. 尘沙

灰尘和沙土，对电工产品也有影响，如空气开关、磁力起动器、接触器等因封装不严密会有尘沙侵入，就会影响可动部件的工作性能，在使用时增加机械磨损，甚至发生严重故障。当有灰尘附着于金属镀层或油漆层表面时，也会因灰尘的吸湿作用，使防止层遭受破坏，引起金属锈蚀。如灰尘聚积在绝缘材料上面，则会因灰尘的吸湿作用，而引起电绝缘性能下降，甚至长霉。

8. 虫害

虫、鼠的危害，对电工产品影响很大。例如白蚁对包装材料、通风机件、电器绕组以及有机绝缘材料等的危害性都很大。白蚁分泌出来的酸液，对金属镀层也有腐蚀作用。又如竹蠹虫、蟑螂、衣蛾等对一部分电工产品也都有相当的危害。此外，库房中的老鼠，对各种包装材料、有机绝缘材料及其制品等，也都有很大的破坏作用。

（二）电气设备的入库验收

电器产品入库验收，是确保产品的数量完整、质量完好的一个重要环节，管理人员除了一般的查对产品名称、型号规格、数量外，还应着重检查产品的外观、镀锌件、胶木件、机械传动部分和电气强度（目前只能检查绝缘电阻）等方面，其具体验收方法如下：

第一，产品包装是否完好，包装材料是否受潮或虫蛀，产品是否有损坏或异变迹象，如发现可疑情况，应拆开包装进行检查，以便发现问题，及时处理。

第二，产品一般仅做外观检查。产品外观应光洁美观；所有黑色金属制成的零、部件除摩擦部件外，均应有防腐镀层（镀锌、电镀或涂防锈漆；触头的表面不准有毛刺；胶木件不准有麻点和缺陷）。如发现内在质量问题，则应按产品标准规定做必要的技术性能试验。

第三，观察或用手拧动所有紧固螺钉，以及引出引入导线等，不得有自动松开或松动现象。

第四，对操作机械和指示器应检查在闭合与打开过程中，能否顺利地自由脱扣，操作手柄能否做出正确指示。如检查自动开关时，用手操作手柄，使开关闭合，用脱扣器操作数次脱扣，观察能否自由脱扣；再用手将开关搬到合的位置上，并用脱扣器脱扣，观察操作手柄能否停在"通""断"和自由脱扣位置。

第五，用摇表（兆欧表）测量绝缘电阻。绝缘电阻是象征电器绝缘性能好坏的重要指标，抽查有怀疑的产品是非常有必要的，绝缘电阻值应符合要求。

（三）电气设备的储存条件和码垛方法

电气设备在保管过程中，应具备以下适宜的储存条件：

第一，存放电器的库房应干燥通风，有条件的单位应将库温保持在 5～35℃，相对湿度在 80% 以下。如在露天货场存放时，应有妥善密封、栅架等保管措施，避免雨淋、地潮及恶劣气候的影响。不要将电器产品放置在靠近厨房、锅炉房或厕所等地方，以防蒸汽及有害气体对产品的损坏。

第二，电器产品应存放在没有导电性尘埃，没有腐蚀性、爆炸性气体的库房或货场中，特别注意防止将有腐蚀性气体或带粉尘的化工产品、油类熔剂以及受潮的农副产品与电气产品同一个库房内储存。要保持清洁，防止有剧烈震动。

第三，库房内向阳一侧窗上的玻璃，应涂上白漆，防止日光直射。露天货场也必须有防日晒措施。

第四，电器产品不宜长期保存，时间过长绝缘材料就要老化。为此，一般产品出厂时限定的保险期作为仓库储存期限，最好在 1 年左右对产品进行老化检查，保管人员应经常注意到期时间。

第五，合理堆垛，可以避免产品受压损坏或倒垛。同时有利于产品出入库操作，减少差错，节省仓位，提高库房的使用效率。

码垛时，产品与墙壁应保持一定的距离，以利于通风和防止墙潮影响，并便于检查操作和清洁打扫。此外，货垛与顶房也应有一定的距离，以防止房顶传热对商品的影响。碰撞会使胶木件及零件破裂、外壳凹损，尤其是灭弧罩更易破损。同时，在搬运过程中，剧烈震动会使组合件松散或脱落。因此，在装卸、码垛时必须轻拿轻放，严禁扔、撞、甩等。

小型零星产品，可以上货架保管，但不宜在货架上叠码过高，以免发生倒垛的危险。采取轻的在上、重的在下，标志朝外，这样既稳妥方便，又利于检点养护。成批装箱的可以重叠码垛，垛高不易超过 3m。垛形应端正平稳，防止倾斜倒塌。垛底应根据地面防潮情况，适当垫高，使垛底通风不受地潮，防止场地积水浸湿产品。

（四）电器设备的保管保养

第一，电器产品大都是怕潮湿、怕高温、怕日照、怕重压、怕撞击，并且易霉、易锈、易碎。在保管期间应勤检查，及时发现问题，及时解决问题。

第二，电器产品的手柄及操作机构、金属部件表面可涂一层防锈用工业凡士林。如有氧化锈蚀，应及时采取防锈措施。

第三，如纸制熔管受潮发霉，可用变压器油擦去霉点。并烘干再做耐压试验（每分钟 2000V 的电压），未击穿者，可以使用。

胶木件轻度发霉，涂上无色绝缘清漆。胶木件中度发霉，如在雨季，则胶木件表面会产生水珠；当其绝缘电阻在 5MΩ 以下时，就必须妥善保养，拆下胶木件用汽油或苯洗去霉迹，放入烘箱内经过一定时间的干燥，再涂上一层绝缘清漆，待自然干燥后，即可再行组装起来，以备领用。

二、变压器的安全储存

（一）变压器的入库验收

第一，变压器本身不应有机械损伤，箱盖螺栓应完整无缺，密封垫要严密良好，无渗油现象，散热器油管应无机械损伤、变形现象。

第二，变压器外表无锈蚀，油漆层光洁，色调均匀一致，无流痕、气泡、脱皮等现象。

第三，变压器瓷套管表面光滑无破损、无渗油现象。

第四，根据变压器的装箱单或说明书，检查变压器附件是否齐全，容量在 1800kVA 以下的配电变压器的附件，在制造厂装配齐全。大型变压器除包括变压器油及温度计外，尚包括呼吸器（吸潮器），强迫风冷式变压器包括电风扇，强迫油循环冷式变压器包括电动油泵及冷却器、分装的散热器及油枕，其变压器油应按所需量全部供应，并用桶零装。带有油箱的 800kVA 及以上电力变压器和 400kVA 以上的厂用变压器应装有气体继电器。

第五，用摇表检查高、低压绕组之间及绕组与外壳之间的绝缘电阻。绝缘电阻一般不作规定，应和出厂时的测量数据进行比较，如有显著下降，应做更详细的试验项目，全面分析，判断绝缘的好坏。绝缘电阻在比较时，应换算到同一温度。随着温度增加，绝缘电阻将下降。

第六，对容量在 8000kVA 及以上的油浸电力变压器应装有隔膜或充氮，保证变压器油不与空气直接接触。如有充氮装置，检查充气压力是否正常。

（二）储存条件及码垛方法

第一，户外使用的大型变压器，若因仓库面积所限，不能进库保管时，可露天保管，但要严加苫盖。户内使用变压器则必须存放在干燥通风的库房内，库房的适宜温度在 35℃ 以下，相对湿度在 80% 以下。在严寒时，应防止变压器油受冻。

第二，变压器存放入不宜有酸、碱等化学品以及有害绝缘气体、灰尘等存在。

第三，油浸变压器，应远离火源，并须加强消防安全工作。

第四，器身重 1t 以下的变压器，可以重叠码放。但包装材料必须结构坚固，垛高以不超过 3m 为宜。

第五，器身重 1t 及以上的变压器宜平放。如露天存放，变压器下面应垫高 30~50cm；如在库内存放，可根据地面的潮湿情况，适当垫高。这里必须指出的是，在吊装变压器时，钢丝绳应挂在箱壁上的吊耳上，切不可挂在箱盖上的吊环上，并注意切勿碰伤瓷套管。

第六，小型低压安全变压器类（又称照明变压器）可用防潮纸（或塑料薄膜）包好，放在料架上保管。

（三）变压器的保管

变压器在保管期间应注意防潮、防震、防火。

第一，应经常检查变压器是否漏油。防止油的老化。变压器的充油高压瓷套管，应竖立在专做的架子上保管以免漏油渗油。

在保管期间，对变压器各注放油阀门，不要任意开放。若变压器的油面降至最低油位时，应补充同一规格牌号电气性能合格的变压器油。因为不同牌号的油，极易引起原有变压器油的老化。油在老化中会分解出有害的酸性物质：这些分解物会侵蚀绝缘材料和油箱内壁，同时会覆盖在变压器的铁芯绕组表面，使油不能接触到绕组、铁芯，大大降低冷却效果。箱盖上的固定螺丝要紧固，以防油与空气的潮气接触。

第二，为了预防金属件（如接线柱及未涂漆的金属部件）生锈，可涂上工业凡士林，外壳漆皮脱落可涂原来颜色的油漆以防锈蚀。

散热器的孔眼应用阀头密封，以免潮气、杂物侵入。

冷却器及油泵的油应放尽，所有的进出口法兰，均应设法封好。

一般变压器的铁芯硅钢片如有锈斑，可用砂纸或钢丝刷将锈斑除尽，重新涂上绝缘漆。

第三，变压器上如积有干燥灰尘，应用清洁的布或软纸擦掉，不能用不清洁、潮湿或沾了油的布或纸去擦。如含有油质的灰尘，可用四氯化碳（CCl_4）溶剂擦拭，切忌用汽油、煤油或柴油等挥发性强的油去擦拭，因为这些油能溶解变压器的涂漆层。

第四，为防止瓷套管受到撞击而破损，可用麻包木板包扎保护。气体继电器应用木盒装好，避免损坏。

第五，进库的变压器，有时附带有零装在铁桶中的变压器油，应储放在专用危险器库（或油库）内。

第六，长期储存的变压器，每半年应测量一次绝缘电阻。

三、电动机的安全储存

（一）电机的入库验收

对入库的电机（尤其对无包装的电机）必须进行如下检查验收：

第一，外观检查。检验电机的各零件外表有无裂缝、变形、损伤、受潮和锈蚀等现象，铸件表面应清洁、平整，不得有裂痕和砂眼，表面漆层均匀光洁。

第二，检查电动机所有紧固螺丝，应无松动现象。出线完好，电动机转轴用手转动灵活没有摩擦等杂音。绕线式转子电机的电刷与转子滑环，直流电机的电刷与换向器的接触应良好，旋转时不应跳动。

第三，用摇表检查电机绕组与机壳之间的绝缘电阻，对六个出线端的交流电动机，还要检查绕组之间（又称相间）的绝缘电阻。绝缘电阻的数值一般可按绕组的额定电压每 1kV 不少于 $1M\Omega$ 为合格。

对绕线转子式电动机还要测量转子绕组和外壳之间（滑环）与外壳间的绝缘电阻。其绝缘值不得小于 $0.5M\Omega$。220/380V 的交流电动机，定子对地绝缘电阻最低要求 $0.22M\Omega$，而相间绝缘电阻为 $0.33M\Omega$。如果测量的绝缘电阻太低，就必须通知生产厂进行处理。

（二）储存条件及电机码垛

电机适宜的储存条件具体如下：

第一，电机应存放在干燥、通风的库房内。一般不得存放在露天货场中。库内适宜温度应保持在 5~35℃ 的范围内，相对湿度不高于 80%。

第二，仓库中应防止有害气体、蒸汽以及烟雾尘土等侵入。同时禁止与酸碱等化学品和水泥等容易粉末飞扬的物品存放在同一库房里。

第三，电机在储存期间，应防止剧烈的震动和温度变化，以免降低或损坏电动机的绝缘而缩短其使用寿命。

第四，严防虫、鼠等咬蚀有机绝缘材料。

码垛是电机保管技术中的一项重要的工作。为了防止倾斜发生倒塌事故，垛高在 3m 以内为宜。同时根据库内潮湿情况，垛底应适当垫高，以便垛底通风，不受地潮。

装箱电机在码垛和搬运时，应防止摔碰，严格禁止翻滚和倒置，以防止箱体破碎，损坏电动机。

无外包装电机在起重及扛抬时，应将绳系在吊环上，绝对禁止系在转轴上，以免端盖破裂及转轴弯曲变形，使电机不能使用。

（三） 电机的保管保养

"随着我国电力部门的快速发展，电气控制技术也越来越受到大家的重视，如何对电气设备进行保护和控制成了一个急待解决的重要问题。"[①] 电机的各个组成部分，均应保持清洁干燥。为了防尘和防潮，大型电机要放在垫木上，全部用篷布盖好，尤其是防护式电机更应注意。小型电动机须用油布（或塑料薄膜）包好，放在料架上保管。当电动机绕组积有干燥的灰尘时，可用清洁的布或软纸片擦掉，或用压缩空气吹掉，压缩空气也必须干燥，其压力不应大于 2 个大气压。如果积有含油灰尘时，可用四氯化碳溶剂来擦拭，绝对不可用挥发性的汽油、煤油等擦拭，因为这些油类都能溶解绝缘材料。

冬季应防止电机绝缘冻裂而影响其使用寿命。装箱电机，在搬运入库开箱验收时，要注意待电机的温度与室温相同时方可拆开木箱，以免温度差而形成湿气。为了防止电机转子轴承的锈蚀，应涂上中性工业凡士林，并用布或防潮纸包好，防止尘土粘上。对无外包装电机要防止重物撞击轴伸，以免影响其挠度。查看轴承是否锈蚀，润滑油是否凝固变质。如果发现锈蚀、变质情况应予清洗、更换。为了防止润滑油侵入损坏电动机绝缘和便于轴承散热，润滑油不宜过多，以占轴承全容积 2/3 为宜。

长期保管的绕线式电动机的炭刷的弹簧应该松开，取出炭刷放入一个小盒内保管。转子滑环，直流电机或励磁机的整流子，应用防潮纸包好。每半年应对长期保管的电机（包括装箱电机），进行一次总检查，并测量绝缘电阻一次，如果有显著降低的应进行干燥处理。长期保管的发电机组，如无公共底盘的电动机与发电机应拆开存放。联轴器与转轴外露部分应涂以酚醛清漆。

四、电力电气设备的维修

在现代社会中，电力电气设备扮演着至关重要的角色。无论是家庭、工业还是商业领域，我们都依赖电力供应来驱动各种设备和系统的正常运行。然而，电力设备也会出现故障和损坏，这可能导致停电、损失和生产中断。因此，电力电气设备的维修至关重要，它确保了电力系统的稳定运行和可靠性。

（一） 常见的电力电气设备故障

电力电气设备可能因多种原因而发生故障。例如，长时间的使用和老化可能导致部件磨损和损坏。电力设备还可能受到电力波动、过载、短路和电气故障的影响。这些故障可

---

①宋官昌，罗渊浩．浅析电气设备保护控制［J］．中国科技纵横，2010（13）：281.

能导致设备的功能降低、烧坏或完全停止工作。

（二）电力电气设备维修的重要性

"工厂的正常生产运营离不开稳定安全的电力供应，而变配电室电气设备的稳定运行是确保电力稳定供应的关键，所以要做好对工厂变配电室电气设备的保护措施，降低电气设备故障发生概率。"① 及时维修电力电气设备对于确保电力系统的可靠运行至关重要。

1. 预防故障和减少停机时间

定期的维护和检修可以帮助发现潜在问题，并及时修复。这有助于防止设备故障，减少停机时间，提高生产效率。

2. 延长设备寿命

定期的维护和维修可以延长设备的使用寿命。通过及时更换磨损和老化的部件，可以减少设备的损坏和需求更换的频率。

3. 提高设备效率

维护和维修可以确保设备的正常运行和高效性能。清洁、润滑和校准设备可以提高其效率，减少能源浪费。

4. 提高安全性

损坏的电力设备可能对人员和设备造成安全威胁。定期维修可以帮助发现潜在的安全隐患，并采取适当的措施进行修复，确保工作场所的安全。

（三）电力电气设备维修的践行路径

1. 定期检查和维护设备

制订定期的检查和维护计划，包括清洁、润滑、紧固螺丝和更换磨损部件。这可以帮助发现潜在问题并及时修复。

2. 培训和技能更新

确保维修人员接受适当的培训，了解最新的维修技术和安全标准。他们应具备足够的技能和知识来处理各种设备故障和维修需求。

3. 使用原厂配件

在维修和更换设备部件时，使用原厂配件非常重要。原厂配件质量可靠，与设备的规

---

① 魏晓飞. 工厂变配电室电气设备保护措施 ［J］. 电力系统装备，2021（13）：157.

格和要求相匹配，确保设备的性能和安全性。

4. 紧急响应计划

制订紧急响应计划，以应对突发故障和停电情况。这包括备用设备的准备、备用供电方案和紧急联系人的设定。

电力电气设备的维修是确保电力系统稳定运行的关键。通过定期维护和维修，可以预防故障、延长设备寿命、提高效率和安全性。同时，遵循最佳实践，如定期检查、培训和使用原厂配件，可以确保维修的有效性和可靠性。只有通过保持设备的良好状态和及时维修，我们才能确保可靠的电力供应和运行顺畅的电力系统。

第四章　电力系统防护与安全措施

第一节　人身触电及其防护

一、电流对人体的伤害

当电流流经人体时，人体会产生不同程度的刺痛和麻木，并伴随不自觉的肌肉收缩。触电者会因肌肉收缩而紧握带电体，不能自主摆脱电源。电流对人体会造成生理和病理的多种伤害，如伤害人体皮肤、肌肉、骨骼、呼吸、心脏和神经系统，使人体内部组织破坏，乃至最后死亡。电流对人体伤害的形式主要有电击和电伤两种。

（一）电击与电伤

1. 电击

当人体直接接触带电体时，电流通过人体内部，对内部组织造成的伤害称为电击。电击是最危险的触电伤害，多数触电死亡事故是由电击造成的。

电击伤害主要是伤害人体的心脏、呼吸和神经系统，因而破坏了人的正常生理活动，甚至危及人的生命。例如：电流通过心脏时，心脏泵室作用失调，引起心室颤动，导致血液循环停止；电流通过大脑的呼吸神经中枢时，会遏制呼吸并导致呼吸停止；电流通过胸部时，胸肌收缩，迫使呼吸停顿、引起窒息。所以电击对人体的伤害属于生理性质的伤害。造成电击有下列三种情况：

（1）当人体将要触及 1kV 以上的高压电气设备带电体时，高电压能将空气击穿使其成为导体，这时电流通过人体而造成电击。

（2）低压单相（线）触电、两线触电会造成电击。

（3）接触电压和跨步电压触电会造成电击。

2. 电伤

电伤是指电流的热效应、化学效应、机械效应等对人体外部（表面）造成的局部创伤。电伤往往在肌体上留下伤痕，严重时，也可导致人的死亡。在高压触电事故中，电伤与电击两种伤害往往同时发生。电伤可分为电灼伤、电烙印、皮肤金属化、电光眼、机械性损伤五种，具体如下：

（1）电灼伤。电灼伤是指电流热效应产生的电伤，它分为电流灼伤和电弧灼伤两种情况。

电流灼伤是人体与带电体接触，电流通过人体由电能转换成热能造成的伤害。由于人体与带电体的接触面积一般都不大，且皮肤电阻又比较高，因而产生在皮肤与带电体接触部位的热量就较多，因此，使皮肤受到比体内严重得多的灼伤，且电流愈大、通电时间愈长、电流途径上的电阻愈大，则电流灼伤愈严重。较低的电压，形成灼伤的电流虽不太大，但数百毫安的电流即可造成灼伤，数安的电流则会形成严重的灼伤；在高频电流下，因皮肤电容的旁路作用，还有可能发生皮肤仅有轻度灼伤而内部组织被严重灼伤的情况。由于接近高压带电体时会发生击穿放电，因此，一般电流灼伤只发生在低压电气设备上。

电弧灼伤是由弧光放电造成的烧伤，它分为直接电弧烧伤和间接电弧烧伤两种情况。弧光放电时电流能量很大，电弧温度高达数千摄氏度，可造成大面积的深度烧伤，严重时能将肌体组织烘干、烧焦，是最常见、最严重的电伤。直接电弧烧伤是带电体与人体之间发生电弧，有电流通过人体的烧伤。在高压系统中，由于误操作产生强烈电弧或人体过分接近带电体，其间距小于放电距离时，产生的强烈电弧对人放电，造成电弧烧伤，严重时会因电弧烧伤而死亡。间接电弧烧伤是电弧发生在人体附近对人体的烧伤。在低压系统中，带负荷（特别是感性负荷）拉开裸露的刀开关时，产生的电弧可能烧伤人的手部和面部；线路短路，跌落式熔断器的熔丝熔断时，炽热的金属微粒飞溅出来也可能造成烫伤；因误操作引起短路也可能导致电弧烧伤人体。

电灼伤的后果是皮肤发红、起泡、组织烧焦并坏死、肌肉和神经坏死、骨骼受伤。治疗中多数需要截肢，严重的导致死亡。

（2）电烙印。电烙印是指电流化学效应和机械效应产生的电伤。电烙印通常在人体和带电部分接触良好的情况下才会发生。其后果是皮肤表面留下和所接触的带电部分形状相似的圆形或椭圆形的肿块痕迹。有明显的边缘，且颜色呈灰色或淡黄色，受伤皮肤硬化失去弹性，表皮坏死，形成永久性斑痕，造成局部麻木或失去知觉。

（3）皮肤金属化。皮肤金属化是指在电流的作用下，产生的高温电弧使电弧周围的金属熔化、蒸发成金属微粒并飞溅渗入人体皮肤表层所造成的电伤。其后果是皮肤变得粗糙、硬化，且根据人体表面渗入的不同金属，而呈现一定颜色。此种伤害是局部性的，金属化的皮肤经过一段时间后会逐渐剥落，不会永久存在而造成终身痛苦。

（4）电光眼。电光眼是指当发生弧光放电时，由红外线、可见光、紫外线对眼睛的伤害。电光眼表现为角膜炎或结膜炎，有时需要数日才能恢复视力。

（5）机械性损伤。机械性损伤是指电流作用于人体，由中枢神经反射和肌肉强烈收缩等作用导致的机体组织（皮肤、血管、神经）断裂，关节脱位及骨折等伤害。电击、电伤都还有可能造成神经受伤。神经受伤的表现有很多种，例如，有的人触电后精神上感到难受、全身倦怠、发谵语，甚至狂躁易怒、出现惊吓等症状。

（二）电流对人体伤害程度的影响因素

电流对人体伤害的程度与通过人体电流大小、电流作用于人体的时间、电流频率、人体阻抗值、电压高低、电流在人体内流通的途径、人体自身健康状况等因素有关，且各因素之间有着密切的联系。

1. 电流大小

通过人体的电流越大，人体的生理反应越明显，感受越强烈，引起心室颤动或窒息的时间越短，致命的危险性越大，因而伤害也越严重。一般来说，通过人体的交流电（50Hz）超过 10mA、直流电超过 50mA 时，触电者自己难以摆脱电源，这时就有生命危险。

2. 持续时间

通过人体电流的持续时间越长，越容易引起心室颤动，危险性就越大，其主要原因有以下三项：

（1）人体电阻减小。电流通过人体持续时间越长，人体电阻由于出汗、电解而下降，使通过人体的电流进一步加大，从而危险亦随之增加。

（2）能量增加。电流持续时间越长，体内积累外界电能越多，伤害程度越大。电击能量为电流大小与触电时间的乘积。电击能量超过 50mA·s 时，人就有生命危险。

（3）与心脏易损期重合的可能性增大。在心脏搏动周期中，只有相对应于心电图上约 0.2s 的 T 波这一特定时间是对电流最敏感的。该特定时间称为易损期。电流作用于人体持续时间越长，与易损期重合的可能性越大，电击的危险性也就越大。

在讲解触电急救时，强调要争分夺秒、最大限度地缩短电流通过人体的时间，就是基于这个道理。

3. 电流频率

电流频率不同，对人体伤害程度也不同。一般来说，常用的 50~60Hz 工频交流电对人体的伤害最为严重，交流电的频率偏离工频频率越大，对人体伤害的危险性就越降低。即 50~60Hz 的电流最危险；小于或大于 50~60Hz 的电流，危险性降低。在直流和高频情况下，人体可以耐受较大的电流值，因此，医生常用高频电流给病人理疗。

4. 人体电阻

人体电阻是定量分析人体电流的重要参数之一，也是处理许多电气安全问题所必须考虑的基本因素。皮肤如同人的绝缘外壳，在触电时起着一定的保护作用。当人体触电时，通过人体的电流与人体的电阻有关，人体电阻越小，通过人体的电流就越大，也就越危险。

人体电阻包括皮肤电阻和体内电阻。皮肤电阻在人体电阻中占有较大的比例，人体电阻不是固定不变的，而与下面若干因素有关：

（1）接触电压。人体电阻的数值随着接触电压升高而明显下降。

（2）皮肤状况。皮肤潮湿和出汗时，以及带有导电的化学物质和导电的金属尘埃，特别是皮肤破坏后，人体电阻急剧下降。因此，人们不应当用潮湿的，或有汗、有污渍的手去操作电气装置。

（3）接触面积。人体电阻与人体接触带电体接触面积有关，随着面积的增加而减小。人体与带电体接触的松紧也影响人体的电阻。

（4）其他因素。体内电阻与电流途径有关，不同类型的人，其人体电阻也不同。女子的人体电阻比男子的小，儿童的比成人的小，青年人比中年人的小。遭受突然的生理刺激时，人体电阻可能明显降低；环境温度高或空气中的氧不足等，都可使人体电阻下降。

5. 电压高低

一般来说，当人体电阻一定时，人体接触的电压越高，通过人体的电流就越大。实际上，通过人体的电流与作用在人体上的电压不成正比，这是因为随着作用于人体电压的升高，皮肤会破裂，人体电阻急剧下降，电流会迅速增加。

6. 电流通过人体的途径

电流通过人体的途径不同，对人体的伤害程度也不同。电流通过心脏会引起心室颤动，电流较大时会使心脏停止跳动，从而导致血液循环中断而死亡；电流通过中枢神经或有关部位，会引起中枢神经严重失调而导致死亡；电流通过头部会使人昏迷，或对脑组织产生严重损坏而导致死亡；电流通过脊髓，会使人瘫痪；等等。

上述伤害中，以心脏伤害的危险性为最大。因此，流过心脏的电流途径，是电击危险性最大的途径。最危险的途径是从左手到胸部（心脏）到脚，较危险的途径是从手到手，危险性较小的途径是从脚到脚。

（三）安全电流、安全电压

1. 安全电流

（1）确定安全电流值的依据。

一般情况下，只要通过人体的电流小于摆脱电流，就不致造成不良后果。所以可把摆脱电流看作是人体允许的安全电流。

对于工频交流电，按照不同电流强度通过人体时的生理反应可将作用于人体的电流分成以下三级：

第一，感知电流。感知电流是指在一定概率下，电流流过人体时可引起人有任何感觉的最小电流。

不同的人，感知电流是不同的。女性对电流较男性敏感。在概率为 50% 时，一般成年男性平均的感知电流约为 1.1mA，成年女性约为 0.7mA，并且与时间因素无关。感知电流一般不会对人体造成伤害，但当电流增大时，感觉增强，反应加大，可能因不自主反应而导致从高处跌落，造成二次事故。

第二，摆脱电流。摆脱电流是指在一定概率下，人触电后能够自行摆脱带电体的最大电流。

当电流增大到一定程度时，由于中枢神经反射和肌肉收缩、痉挛，触电人将不能自行摆脱带电体。在概率为 50% 时，一般成年男性平均摆脱电流约为 16mA；成年女性约为 10.5mA。在摆脱概率为 99.5% 时，成年男性最小摆脱电流约为 9mA；成年女性约为 6mA。

摆脱电流是人体可以承受的最大电流，因而一般不致造成不良后果，并且与时间因素无关。

第三，室颤电流。室颤电流是指引起心室颤动的最小电流。

室颤电流除取决于电流持续时间、电流途径、电流种类等电气参数外，还取决于机体组织、心脏功能等个体生理特征。室颤电流与电流持续时间有很大关系。

（2）安全电流值。作用于人体的电流，交流为 50~60Hz、10mA，直流为 50mA 时，一般人仍能脱离电源，无生命危险，故可把 50~60Hz、10mA 及直流 50mA 确定为人体的安全电流值。当通过人体的电流低于这个数值时，人体通常不会受到伤害。

2. 安全电压

因为影响电流变化的因素很多，而电力系统的电压是较为恒定的。所以从安全角度看，电对人体的安全条件通常不采用安全电流，而是用安全电压。

（1）在各种不同环境条件下，人体接触到有一定电压的带电体后，其各部分组织

（如皮肤、心脏、呼吸器官和神经系统等）不发生任何损害，该电压称为安全电压。它是为了防止触电事故而采用的由特定电源供电的电压系列，是制定安全措施的依据。

（2）确定安全电压的依据。安全电压是以人体允许通过的电流与人体电阻的乘积来表示的。一般情况下，人体的允许电流可以看成是受电击后能摆脱带电体而解除触电危险的电流。人体电阻随条件不同而在很大范围内变化：人体接触电压时，随着电压的升高，人体电阻会下降；人体接触高压时，皮肤因击穿而破裂，人体电阻也会急剧下降。因此接触电压的限定值 50V 就是根据 30mA 人体允许电流和 1700Ω 人体电阻的条件下确定的，也就是说安全电压系列的上限值决定了，在正常工作或故障情况下，两导体间或任一导体与地之间的电压均不得超过交流（50~60Hz）有效值 50V。国际电工委员会规定接触电压的限定值（相当于安全电压）为 50V，并规定在 25V 以下时，不须考虑防止电击的安全措施。

（3）安全电压的等级。根据我国的具体条件和环境，我国规定安全电压等级为 42V、36V、24V、12V、6V 额定值五个等级。当电气设备采用的电压超过安全电压时，必须按规定采取对直接接触带电体的保护措施。

（4）安全电压的选用。电气设备的安全电压应根据使用场所、操作人员条件、使用方式、供电方式和线路等多种因素进行选用。我国对此还无具体规定，一般可结合实际情况选用。目前，我国采用的安全电压以 36V 和 12V 较多。发电厂生产场所及变电站等处使用的行灯电压一般为 36V，在比较危险的地方或工作地点狭窄、周围有大面积接地体、环境湿热场所，如电缆沟、煤斗、油箱等地，所用行灯的电压不准超过 12V。

二、防止人身触电的技术措施

人身触电事故发生一般有两种情况：一是人体直接触及或靠近电气设备的带电部分；二是人体触碰平时不带电、因绝缘损坏而带电的金属外壳或金属构架。

当电气设备因绝缘损坏而发生漏电或击穿时，平时不带电的金属外壳及与之相连的其他金属部分便带有电压，而此时并无带电象征，人们不会对触电危险有什么预感，一旦人体触及这些意外的带电部分时，就可能发生触电事故。因此，为防止人身触电事故，除思想上重视、认真执行《电业安全工作规程》之外，还应该采取必要的技术措施。减少或避免这类触电事故的技术措施有保护接地、保护接零、装设漏电保护器等。

（一）防止触电措施的基本内容

1. 接地装置

（1）接地。把电气设备的某一金属部分通过导体与土壤间作良好的电气连接称为接地。

（2）接地体。接地体是埋入土壤中并直接与大地土壤接触的金属导体或金属休组。

第一，自然接地体。兼做接地体用而埋入地下的金属管道、金属结构、钢筋混凝土地基等物件。

第二，人工接地体。采用钢管、角钢、扁钢、圆钢等钢材特意制作而埋入地中的导体。

（3）接地线。接地线是指将电气设备要接地的部分与接地体连接用的导线。

2. 电气"地"和对地电压

（1）电气"地"。当电气设备发生接地短路时，在距离单根接地体或接地短路点20m以外的地方，电位已近于零，电位等于零的地方即称为电气"地"。

（2）对地电压。电气设备的接地部分（如接地外壳和接地体等）与零位"地"之间的电位差。

3. 接地电阻

（1）接地体的流散电阻。接地体的流散电阻是指接地电流自接地体向周围大地流散时所遇到的全部电阻。

（2）接地电阻。接地电阻是指接地体的流散电阻和接地体电阻的总和。

4. 零线和接零

（1）零线。零线是指由变压器和发电机的中性点引出，并接了地的接地中性线。

（2）接零。电气设备的某部分直接与零线相连接，叫作接零。

5. 接地短路和接地短路电流

（1）接地短路。接地短路是指电气设备的带电部分偶尔与接地金属构架连接或直接与大地发生电气连接。

（2）碰壳短路。碰壳短路（或碰壳）是指电机、电器或线路的带电部分由于绝缘损坏而与其接地的金属结构部分发生连接。

（3）接地短路电流。接地短路电流（或接地电流）是指当发生接地短路或碰壳短路时，经接地短路点流入地中的电流。

（二）防触电技术措施

1. 保护接地

为防止人身因电气设备绝缘损坏而遭受触电，将电气设备在正常情况下不带电的金属外壳与接地体连接，称为保护接地。保护接地应用十分广泛，是防止间接触电的重要技术措施之一。

（1）电气设备外壳无保护接地时的危险。当电动机正常工作时，其外壳不带电，触及外壳的人并无危险。一旦电动机的绝缘损坏，其外壳将带电并长期存在着电压，该电压数值接近于相电压，当人体触及这带电的电动机外壳时，就会发生单相触电。

（2）保护接地的作用。当电动机装设了接地保护时，如果电动机外壳带电，则接地短路电流将同时沿着接地体和人体与电网对地绝缘阻抗 Z 形成两条通路，流过每一条通路的电流值将与其电阻大小成反比。只要控制接地电阻的阻值，就能使流过人体的电流小于安全电流，把人体的接触电压降低到安全电压以下，从而保证人身安全。

（3）保护接地的适用范围。在中性点不接地的低压电网中，保护接地可以有效地防止或减轻间接触电的危险，但在中性点直接接地的电网中情况则有所不同。如果电动机外壳带电，则接地短路电流将同时沿着接地体和人体与电网中性线电阻，形成两条通路，而一般中性线的电阻要求要很小。此时，通过人体的电流和加在人体上的电压，对人均是很危险的，而且在多数情况下，是不足以使电路中的过流保护装置动作的。

因此在中性点直接接地的低压电网中，电气设备不采用保护接地是危险的。采用了保护接地，仅能减轻触电的危险程度，但不能完全保证人身安全。所以保护接地只适用于中性点不接地的低压电网。

2. 保护接零

（1）保护接零的含义和适用范围。为防止人身因电气设备绝缘损坏而遭受触电，将电气设备的金属外壳与电网的零线（变压器接地的中性线）相连接，称为保护接零。保护接零适用于三相四线制中性点直接接地的低压电力系统中。当采用保护接零时，除电源变压器的中性点必须采取工作接地外，零线要在规定的地点采取重复接地。

（2）对接零装置的要求。

第一，零线上不能装熔断器和断路器，以防止零线回路断开时，零线出现相电压而引起触电事故。

第二，在由同一低压电网中（指同一台变压器或同一台发电机供电的低压电网），不允许将一部分电气设备采用保护接地，而另一部分电气设备采用保护接零。否则接地设备发生碰壳故障时，零线电位升高，接触电压可达到相电压的数值，增大了触电的危险性。

第三，在接三眼插座时，应注意：①不准将插座上接电源零线的孔同接地线的孔串接，否则零线松掉或折断，就会使设备金属外壳带电；②不能交零线和相线接反，否则也会使外壳带电；③正确的接法是接电源零线的孔同接地的孔分别用导线接到零线上。

3. 工作接地

将电力系统中的某一点（通常是中性点）直接或经特殊设备（如消弧线圈、电抗、电阻等）与地作金属连接，称为工作接地。

在中性点绝缘系统中，当发生一相碰地而人体又触及另一相时，人体所承受的是线电压（380V）。而电源中性点接地后，因中性点的接地电阻 Rg 很小（或近于零）与地间的电位差亦近于零。当发生一相碰地而人体触及另一相时，人体所承受到的接触电压将不再是线电压（380V），而接近或等于相电压（220V）。

4. 漏电保护断路器的采用

低压配电线路的故障主要是三相短路、两相短路及接地故障。由于相间短路产生很大的短路电流，故可用熔断器、断路器等到开关设备来自动切断电源。因此其保护动作值按超过正常负荷电流整定，动作值较大，而人体触电等接地故障靠熔断器、断路器一般是难以自动切除，或者其灵敏度满足不了要求。保护接地、保护接零是防止间接触电常用的保护措施。但是保护接地要求很小的接地电阻，困难很多，特别是移动式或手持式电具难于实现接地保护。采用漏电保护断路器作为间接触电的防护措施则可弥补这些缺陷。

漏电保护断路器（又称漏电开关、触电保安器等），它是一种在规定条件下，当漏电电流达到或超过给定值时，便能自动断开电路的一种机械式开关电器或组合电器。

（1）漏电保护断路器作用及类型。

第一，作用。漏电保护断路器作用就是防止电气设备和线路等漏电引起人身触电事故。它能够在设备漏电、外壳呈现危险的对地电压时自动切断电源。在 1kV 以下的低压电网中，凡有可能触及带电部件或潮湿场所装有电气设备的情况下，都应装设漏电保护装置，以确保人身安全。

第二，类型。按反映信号的种类分，有电压型和电流型；按有无中间机构分，有直接传动型和间接传动型；按执行机构分，有机械脱扣和电磁脱扣；按极数和线数分，有单极二线、二极、二极三线、三极、三极四线等类型。目前广泛使用的是反映零序电流的电流型漏电保护装置。

（2）电流型漏电保护断路器的工作原理。正常工作时，各相电流的相量和等于零，零序电流互感器的环形铁芯所感应磁通的相量和也为零，零序电流互感器的二次绕组中没有感应电压输出。极化电磁铁 T 线圈没有电流流过，T 的吸力克服弹簧反作用接力，使衔铁 X 保持在闭合位置，脱扣机构不动作，漏电保护断路器的不动作，保持电路正常供电。

当设备漏电或有人单相触电时，通过互感器一次侧各导线电流的相量和不再为零，而是等于漏电流。这样，环形铁芯将有交变磁通产生，在互感器二次绕组中，就有感应电压输出，T 线圈中将有交流电流通过，并产生交变磁通与永久磁铁的磁通叠加。叠加的结果使电磁铁去磁，从而使其对衔铁吸力减小，于是衔铁被弹簧的反作用力拉开，脱扣机构动作，断路器 QF 断开电源。

（3）漏电保护断路器的应用。

第一，对直接接触触电的防护。漏电保护断路器只作为直接接触防护中基本保护措施的附加保护。此时应选用高灵敏度、快速动作型的漏电保护断路器，动作电流不超过 30mA。

第二，对间接接触触电的防护。间接接触电击防护，主要是采用自动切断电源的保护方式，以防止发生接地故障时，电气设备的外露可导电部分持续带有危险电压而产生电击的危险。在间接接触触电防护中，采用自动切断电源的漏电保护断路器时，应正确地与电网的系统接地形式相配合。

三、触电急救

尽管电气系统有着完善的用电安全措施和保护系统，但也只能减少事故的发生，人们还是会由于各种意外发生触电伤害事故。因此，触电急救措施是安全用电组织管理措施的主要内容，是每个用电人员应该掌握的。

（一）触电伤害特点

人触电以后，往往会出现神经麻痹、昏迷不醒，甚至呼吸中断、心脏停止跳动等症状，从外表看好像已经没有恢复生命的希望了。但只要没有明显的致命内、外伤，一般并不是真正的死亡，应视为"假死"。所谓假死状态，即触电者丧失了知觉、面色苍白、瞳孔放大、脉搏和呼吸停止。根据临床表现，可将假死分成心跳停止但尚能呼吸，呼吸停止、心跳尚存但脉搏很微弱，心跳呼吸均停止三类。

对于假死状态的伤员，如果抢救及时、方法得当、坚持不懈、耐心等待，多数触电者可以"起死回生"。许多实际资料表明，有的伤员心脏停止跳动、呼吸中断后，经过较长时间的抢救，又恢复了知觉。一般来说，触电者死亡后有五个特征：心跳、呼吸停止，瞳孔放大，尸斑，尸僵，血管硬化。如果以上五个特征中有一个尚未出现，都应视触电者为"假死"，还应坚持抢救。如果触电者在抢救过程中出现面色好转、嘴唇逐渐红润、瞳孔缩小、心跳和呼吸逐渐恢复正常，即可认为抢救有效。至于伤员是否真正死亡，只有医生才有权做出诊断结论。

触电者的生命能否获救，其关键在于能否迅速脱离电源和进行正确的紧急救护。经验证明：触电后 1min 内急救，有 60%~90% 的救活可能；1~2min 内急救，有 45% 左右的救活可能；如果经过 6min 才进行急救，那么只有 10%~20% 的救活可能；超过 6min，救活的可能性就更小了，但是还有救活的可能。

（二）紧急救护通则

第一，紧急救护的基本原则是在现场采取紧急措施保护伤员的生命，减轻伤情，减少痛苦，并根据伤情需要，迅速联系医疗部门救治。急救成功的条件是动作快、操作正确。任何拖延和操作错误都会导致伤员加重或死亡。

第二，认真观察伤员全身情况，防止伤情恶化。发现呼吸、心跳停止时，应立即现场就地抢救，用心肺复苏法支持呼吸和血液循环，对脑、心重要器官供氧。应当记住，即使伤者心脏停止跳动，也要分秒必争地的迅速抢救。只有这样，才有救活的可能性。

第三，现场工作人员都应定期进行培训，学会紧急救护法。会正确解脱电源、会心肺复苏法、会止血、会包扎、会转移搬运伤员、会处理急救外伤或中毒等。

第四，生产现场和经常有人工作的场所应配备急救箱，存放急救用品，并应指定专人经常检查、补充或更换。

（三）脱离电源

尽快使触电者脱离电源，是减轻触电伤害和救护触电者的关键和首要工作。脱离电源时，必须做到沉着冷静、动作果断、干净利索、安全可靠，要根据触电现场的具体情况选择脱离电源的方法。

1. 脱离低压电源的方法

使触电者脱离低压电源的主要方法有以下五种：

（1）切断电源。如果电源开关或插座在触电地点附近，救护人员应迅速拉开开关或者拔掉插头等。

（2）割断电源线。如果电源开关或插座离触电地点很远，则可用带绝缘柄的利器（如电工钳、装有干燥木柄的斧头、锄头、铁锹等）把电源侧的电线砍断。割断点最好选择在靠电源侧有支持物处，以防被砍断的电源线触及他人或救护人员自己。

（3）挑、拉电源线。如果电线断落在触电人身上或压在触电人身下，且电源开关又不在触电现场附近时，救护者可用干燥的硬质长杆，如木棍、竹竿、扁担等一切身边能拿到的绝缘物把电线挑开。也可用绝缘绳索套拉导线或触电者，使触电者脱离电源。

（4）拉开触电者。如果救护人员身边什么工具也没有，在现场的救护人员可戴上绝缘手套或用干燥的衣服、帽子、围巾等物将一只手缠裹起来，去拉触电人的干燥衣服。当附近有干燥的木板、木凳时，站在其上去拉更好（可增加绝缘）。但要注意，为使触电者与导电体解脱，救护人员最好用一只手去拉，切勿碰触电人触电的金属物体或裸露的身躯。

（5）采取相应措施救护。如果电流通过触电者入地，并且触电者手握电线，则可设法先用干燥的木板塞到触电者身下，使其与地隔离，然后再用绝缘利器将把电源线剪断。救护人员在救护过程中也尽可能站在干木板上或绝缘垫上。

2. 脱离高压电源的方法

脱离高压电源的方法和低压不同，在高压电源情况下使用上述工具是不安全的。如在户外作业，往往触电现场离电源开关很远，救护人员不易直接切断电源。脱离高压电源的方法如下：

（1）如果有人在高压带电设备上触电，电源开关离现场不远，救护人员应戴上绝缘手套，穿上绝缘鞋拉开电源开关，用相应电压等级的绝缘工具拉开高压跌落开关，以切断电源。

（2）当有人在架空线路上触电时，救护人员应尽快用电话通知当地电业部门迅速停电，以备抢救；如触电发生在高压架空线杆塔上，又不能迅速联系就近变电站停电时，救护者可采取应急措施，即采用抛掷足够截面、适当长度的裸金属软导线，使电源线路短路，造成保护装置动作，从而使电源开关跳闸。抛掷前，应将短路线一端固定在铁塔或接地引下线上，另一端系重物。但在抛掷时，应注意防止电弧伤人或断线危及他人安全，同时应做好防止触电者发生高处坠落摔伤的措施。

（3）如果触电者触及断落在地上的带电高压导线，在尚未确认线路无电，且救护人员未采取安全措施（如穿绝缘靴等）前，不能接近断线点8~10m，以防跨步电压伤人。若要想救人，救护人员可戴绝缘手套，穿绝缘靴，用与触电电压等级相一致的绝缘棒将电线挑开。

（四）杆上或高处触电急救

当发现电杆上的工作人员突然患病、触电、受伤或失去知觉时，杆下人员必须立即进行抢救。但如果不懂得如何营救，就会束手无策，延误了营救时间；如果营救不当，伤员不但得不到正确营救，还可能发生高空坠落摔伤而加重伤情，救护人员本人也可能发生触电或摔跌事故。所以救护高杆上的伤员，首先是使伤员很快脱离电源和高空，将其护降到安全的地面再进行救护，具体营救方法如下：

第一，脱离电源。当判断杆上人发生触电情况时，首要的一点就是按照前述办法让触电者脱离电源。当一人进行急救时须紧急呼救，以便引起他人的注意而得到更多人的帮助。

第二，做好营救的准备工作。营救人员的自身保护对整个营救工作的成败是很重要的，为此营救人员要准备好必备的安全用具，如绝缘手套、安全带、脚扣、绳子等。

第三，选好营救位置。一般来说，营救的最佳位置是高出受伤者约 20cm，并面向伤员。固定好安全带后，再开始营救。

第四，确定伤员病情。将触电者扶卧到救护者的安全带上，进行意识、呼吸、脉搏判定。如伤员有知觉，那么可告诉他放心，并帮助他下放到地面进行护理。

第五，对症急救。如呼吸停止，立即口对口（鼻）吹气 2 次，以后每 5s 再吹气 1 次；如果颈动脉无搏动时心跳停止，杆上难以进行胸外按压，可用空心拳头（空心拳小指侧肌内部）离胸前上方 25～30cm 向前胸（心前区）叩击 2 次，以促使心脏复跳。如心跳不恢复，就不要再叩击，应与地面联系，将伤员送至地面后，按前述办法进行抢救。

第六，下放伤员。为使抢救更为有效，应当及早设法将伤员安全送至地面。下放方法是否得当，是抢救伤员成败的关键。

（五）救护者应注意的事项

第一，救护时应保持头脑冷静、清醒，应观察场地和周围环境，要分清是高压还是低压触电，以便做到忙而不乱，并采取相应的正确措施使触电者脱离电源，而救护人员又不致触电。高压触电很危险，不懂安全知识或未受过专门训练者最好不要贸然去抢救触电者，以免自身难保。

第二，施救者在救治他人的同时，要切记注意保护自己。在触电者未脱离电源之前，救护人员千万不能在未采取任何安全措施的情况下直接拉触电人，以防止发生救护人员触电的事故。在抢救过程中，应注意自身与周围带电部分之间的安全距离。对营救高杆触电的还要观察电杆情况，查看电杆是否倾斜、横担是否牢固。

第三，救护人员不得采用金属和其他潮湿物品作为救护工具。未采取绝缘措施前，救护人员不得直接触及触电者的皮肤和潮湿的衣服。

第四，在拉拽触电者脱离电源的过程中，救护人员要用单手操作。

第五，当触电者位于高位时，应采取措施预防触电者在脱离电源后坠地而死。

第六，夜间发生触电事故，为救护触电伤员而切除电源时，有时照明会同时断电。因此还应考虑事故照明、应急灯等临时照明，以利救护。

（六）对症抢救

当触电者脱离电源以后，应根据触电者伤害的轻重程度，采取以下不同的急救措施：

第一，若触电者神志清醒，只是感到心慌、四肢发麻、全身无力或者虽然曾一度昏迷，但未失去知觉，这时就要使触电者就地、安静、舒适地躺下休息，慢慢恢复正常。在休息中，要注意观察其呼吸和脉搏的变化，必要时应保暖，特别是冬季室外。这期间暂不要让触电者站立或走动，以减轻心脏负担。

第二，若触电伤员神志不清，则应将其就地平躺，确保其呼吸畅通。并呼叫伤员或轻拍其肩部，判定伤员是否丧失意识，但切勿摇晃头部。

第三，如果触电者神志的确丧失，则应及时进行呼吸、心跳情况的判断，采取的办法是看、听、试。

看，即看伤员的胸部、腹部有无起伏动作（看看有无气流），方法是救护者的脸贴近触电者的嘴和鼻孔处。也可用一张薄纸放在触电者的嘴和鼻孔上，查看有无呼吸（纸片动，则有呼吸；纸片不动，呼吸中断），判定伤员意识。

听，即用耳贴近伤员的口鼻处，听听有无呼气声音；用耳贴在触电人的胸部，听听心脏是否停止跳动。

试，即用两手指轻试一侧（左或右）喉结旁凹陷处的颈动脉有无搏动，判断心跳情况。

第四，如果触电者已丧失意识、呼吸停止，但心脏或脉搏仍跳动，应采用口对口人工呼吸抢救。

第五，如果触电者有呼吸，但心脏和脉搏停止跳动，应采用胸外心脏按压法进行抢救。

第六，如果触电者呼吸心跳均已停止，则应立即按心肺复苏支持生命的三项基本措施（通畅气道、口对口或鼻人工呼吸、胸外心脏按压），就地进行抢救。

人工呼吸法和胸外按压法是目前现场触电急救的主要方法。只要操作正确、坚持不懈，对一般"假死"状态的触电者来说，救活的可能性还是比较大的。

在进行现场抢救的同时，还应尽快通知医务人员赶至现场急救，同时做好送往医院的准备工作。此外触电者虽经现场抢救已恢复正常，但仍要注意观察，以免再发生病变。

（七）心肺复苏法

心跳、呼吸对人体的影响：呼吸和心跳是人存活的基本特征。一旦呼吸停止，肌体因不能进行正常的气体交换而死亡；心跳停止，血液循环将中止，肌体则因缺乏氧气和养料而丧气正常功能也会死亡。一般心跳停止后必然随之呼吸停止；而呼吸停止后，心肌严重缺氧，心跳也就很快停止。

心肺复苏法是根据伤员心跳和呼吸突然停止的不同情况，分别采取的使伤员心跳和呼吸恢复正常的一种措施。在现场若发现伤员心跳和呼吸突然停止，则应采用心肺复苏法来进行抢救。只要抢救及时，复苏成功率还是很高的。

心肺复苏法支持生命的三项基本措施为通畅气道、人工呼吸、胸外心脏按压，具体操作有以下步骤：

1. 通畅气道、清理口腔异物

心肺复苏成功重要而关键的是通畅气道。昏迷患者气道阻塞的最常见原因，是舌肌缺乏张力而松弛，舌根向后下坠堵塞气道，会厌堵住气道入口，造成上呼吸道阻塞。要对患者进行人工呼吸，就必须开放气道，使舌根抬起离开咽后壁。但在开放气道时，如已见到口内有异物或呕吐物，则应先将其清理掉。

造成气道阻塞的原因除舌根坠入咽部外，还有在进食时，有大块食物、假牙、呕吐物等异物进入气道口，造成部分或完全气道阻塞。这时可根据伤员清醒或昏迷状态做不同处理。

（1）清醒者气道阻塞的处理

第一，强行咳嗽法。若伤员用手指抓住自己的脖子或指向咽喉部，则说明气道有部分阻塞，这时可让他尽量反复用力强行咳嗽，使异物慢慢移动而被咳出。

第二，膈下腹部猛压法。让伤员站着或坐着，抢救者站在他的背后，用手臂抱住伤员腰部，一手握拳，使拳头的拇指一边朝向伤员的腹部，位置在正中线肚脐眼的上方，另一只手紧握第一只手，快速向上猛压，拳头压向他的腹部。一次不行可多次猛压。

第三，立位胸部猛压法。此法适用于肥胖人，其方法是让伤员立位，抢救人站在其背后，两臂通过其腋窝下方，环抱伤员胸部，拳头拇指侧放在胸骨中部（注意离开剑突和肋弓边缘），然后抢救者用另一只手紧抓着拳头并向后猛压，直至异物排出。

（2）昏迷者气道阻塞的处理

第一，手指清除异物法。如果已经看到伤员口腔内的异物，则应该迅速用两个手指交叉取出或用手指将异物钩出口腔。其方法是抢救者用拇指和其余手指握住伤员的舌和下颌，使口张开，然后将颌骨和舌头一同上抬，同时将舌头从咽后部向外拉，将阻塞在咽部的异物拉到口腔内，这样可部分地解除阻塞；用另一只手的手指沿口角部颊的内侧插入口腔，深达舌的根部，做钩取动作使异物松动落入口中取出。

第二，腹部猛压法。使伤员处于仰卧位，抢救者跪在其大腿旁，将一只手的掌根放置在正中线肚脐部稍上方，远离剑突；另一只手直接叠在第一只手上，用迅速向上的动作，猛压腹部，并从腹部的正中向上推，不能推向左侧或右侧，否则就难以达到排出异物的目的。

2. 人工呼吸

（1）口对口人工呼吸法。口对口人工呼吸法就是采用人工机械动作（抢救者呼出的气通过伤员的口或鼻对其肺部进行充气以供给伤员氧气），使伤者肺部有节律地膨胀和收缩，维持气体交换（吸入氧气，排出二氧化碳），并逐步恢复正常呼吸的过程。

按前所述做好清理口腔异物、通畅气道的工作。然后解开上衣领扣、松开上身的紧身衣、解开裤带、摘下假牙，以使胸部能自由扩张。同时维持好现场秩序，以利抢救。操作步骤如下：

第一，头部后仰。当上述准备工作完成后，让伤员头部尽量后仰、鼻孔朝天，避免舌下坠导致呼吸道梗阻。

第二，捏鼻掰嘴。救护人员站在伤员头部的左（或右）边，放在前额上的拇指和食指捏紧其鼻孔，以防止气体从伤员鼻孔逸出；另一只手的拇指和食指将其下颌拉向前下方，嘴巴张开，准备接受吹气。

第三，贴嘴吹气。救护人员深吸一口气屏住，用自己的嘴唇包绕封住伤员的嘴，在不漏气的情况下，做两次大口吹气，每次 1~1.5s。同时观察伤员胸部起伏情况，以胸部略有起伏为宜，表示吹气适量。

第四，放松换气。吹气后，救护人员的口立即离开病人的口，头稍抬起，捏鼻子的手放松，让病人自动呼气。

抢救完成后应检查抢救效果。一看胸部是否有起伏。胸部有起伏则效果好，无起伏则可能是气道有阻塞，应检查气道。二看口或鼻是否有气体逸出。呼气时感到有气体逸出，效果为好。

如果伤员牙关紧闭，不便做口对口人工呼吸时，则应用小木片或小金属片从其嘴角伸入牙缝慢慢撬开其嘴。

（2）口对鼻人工呼吸。伤员如有严重的下颌和嘴唇外伤、牙关紧闭、下颌骨折等难以做到口对口密封时，可采用口对鼻人工呼吸方法。具体步骤如下：

第一，抢救者用一只手放在伤员前额上使其头部后仰，用另一只手抬起伤员下颌并使口闭合。

第二，抢救者深吸一口气，用嘴唇包绕封住伤员鼻孔，并向鼻内吹气。

第三，抢救者的口部移开，让伤员被动地将气呼出，依次反复进行。其他注意点同口对口人工呼吸法相同。

3. 胸外心脏按压法

现场抢救危急伤员（呼吸停止、心跳停止）时，除开放气道、人工呼吸外，还必须使心脏搏出血液进行循环。胸外心脏按压法就是采用人工机械的强制作用（在胸外按压心脏），迫使心脏有节律地收缩，从而达到恢复心跳、恢复血液循环，并逐步恢复正常的心脏跳动。

（1）准备工作。先测试触电者颈动脉有无脉搏，无脉搏才能进行胸外心脏按压。如有脉搏，进行胸外按压就可能导致严重的并发症。让伤员仰面躺在平硬处（平整的硬地面、石板或木板上），头部放平，下肢可抬高30cm左右，帮助静脉回流。救护者跪在伤员的肩旁，两脚分开，准备按压。

（2）操作步骤。

第一，确定胸外心脏按压的正确部位。按压部位的正确与否，是保证胸外心脏按压实施效果好坏的重要前提，并可防止胸肋骨骨折和各种并发症的发生。可以通过找切迹确定按压部位。救护者靠近病人，手的食指和中指并拢，沿胸廓下方肋缘向上直达肋骨与胸骨接合处，沿线称为切迹。

一只手的中指置于切迹顶部，剑突与胸骨接合处，食指紧挨着中指置于胸骨的下端，另一只手的掌根紧挨着食指放在胸骨上，掌根处即为正确的胸外按压部位。

第二，按压的正确姿势。正确的按压部位确定后，将第一只手从切迹处移开，叠放在另一只手的手背上，使两手相叠，以加强按压力量。

救护人员跪在地面上，身体尽量靠近伤员；腰部稍弯曲，上身略向前倾，两臂刚好垂直于正确按压部位的上方，使压力每次均直接压向胸骨；肘关节要绷直不能屈曲，手指翘起，离开胸壁和肋骨，只允许掌根接触按压部位。

第三，进行按压。救护人员操作时，利用上身的重量，以髋关节为活动支点，掌根用适当的力量以冲击的方式垂直向下按压。

第二节　雷电过电压及其防护

电力系统中的过电压分为外部过电压和内部过电压。其中外部过电压也称为大气过电压或雷电过电压，主要是由雷电放电所造成的。另外，在电力系统内部的操作或发生故障时会引起短暂（甚至持续）的电压升高，对电气设备的绝缘也会造成损坏。通常把这种异常的电压升高称为内部过电压。

一、雷电的放电过程

雷电放电是由雷云引起的放电现象。地面的水分在太阳的照射下受热化为蒸汽，形成上升的热气流。由于太阳几乎不能直接使空气变热，所以每上升1km，空气温度约下降10℃。热气流上升到一定高度后，因温度降低使水蒸气凝结成水滴，在足够冷的高空，水滴会进一步冷却成冰晶。水滴和冰晶中复杂的电荷分离过程及强烈气流的作用便会形成带电的雷云。

雷云带电原因解释很多，但还没有获得比较满意的一致的认识。比较有代表性的理论主要有冻结起电、水滴分裂起电等。前者认为，水滴冻结时首先从表面开始，表面形成冰壳后，内部在温差的作用下，水中的正离子移向水滴的表层而使其带正电，留在水滴中心部分的则为负离子。当水滴的中心部分也结冰时，因结冰时的膨胀会使早先已结冰的表层破裂，带正电的碎片被气流带到云的上部，带负电的核心部分则留在云的中部、下部。水滴分裂理论认为，强气流使云中的水滴吹裂时，分成较小和较大的水滴。较大的水滴带正电，较小的水滴被气流带走，形成带负电的雷云。雷云带电的过程也可能是综合性的。

雷云中的电荷一般不是在云中均匀分布的，而是形成多个电荷密积区。随着电荷的积累，雷云的电位逐渐升高。当带不同电荷的雷云之间或雷云与大地凸出物相互接近到一定程度时，就会发生雷云间或对大地的火花放电。

雷云对地电位差可达数兆伏甚至数十兆伏。当雷云同地面凸出物之间的电场强度达到该空间的击穿强度时所产生的放电现象，就是通常所说的雷击。一般把这种对地面凸出物直接的雷击叫直击雷。

雷云接近地面时，地面感应出异性电荷，两者可视为一巨大的电容器。因为雷云中的电荷分布很不均匀（而且往往有几个密度较高的电荷中心），而地面又是高低不平，所以其间的电场强度也很不均匀。当电场强度达到 $25\sim30kV/cm$ 时，将发生由雷云向大地发展的跳跃式"先导放电"，先导放电通道接近大地时，便发生大地向雷云发展的极明亮的"主放电"，其放电电流可达数十至数百千安，放电时间仅 $50\sim100\mu s$，放电速度为 $6\sim10$ 万 km/s，主放电再向上发展，到达云端即告结束。主放电结束后云中的残余电荷经过主放电通道继续流向大地，称为余光放电（也称余辉放电）。余光放电的电流不大，约数百安，但持续时间较长，为 $0.03\sim0.15s$。大约 50% 的直击雷具有重复放电性质，平均每次雷击含 $3\sim4$ 个冲击。全部放电时间一般不超 0.5s。

雷云对地放电可自上而下发展，称为下行雷，也可自下而上发展，称为上行雷。雷电的极性是指自雷云下行到大地的电荷的极性。由于雷云的下部主要是负电荷的密积区，故绝大多数（约90%）的雷击是负极性的。

二、防雷保护的基本措施

雷电放电通常可分为直击雷、感应雷、雷电侵入波和球形雷四种。雷击时，雷电流很大，其幅值可达数十到数百千安。雷电放电的时间很短，通常只有 $50\sim100\mu s$；放电陡度甚高，每微秒达 50kA。雷电压极高，感应雷一般可达 $300\sim400kV$，直击雷电压则更高。

　　在数十万至数百万伏的冲击电压作用下可能毁坏发电机、电力变压器、断路器、绝缘子等电气设备的绝缘，烧断电线或劈裂电杆，造成大面积停电。绝缘损坏可能引起短路、导致火灾或爆炸事故，还会造成高压蹿入低压，引起严重触电事故。巨大的雷电流流入地下时，会在雷击点及其连接的金属部分产生很高的接触电压或跨步电压，造成触电危险。巨大的雷电流通过导体时，会在极短的时间内产生大量热能，造成易燃品燃烧或金属熔化、飞溅，引起火灾或爆炸。

　　为了避免雷电放电所造成的巨大伤害，人们主要是设法去躲避和限制雷电的破坏性，也就是采取防雷保护措施。

　　防雷保护的基本措施就是设置避雷针、避雷线、避雷器和接地装置。其原理：避雷针是明显高出被保护物体的金属支柱，当雷云先导放电临近地面时首先击中避雷针，使被保护物免遭直接雷击。避雷线，通常又名架空地线，或简称地线，它主要是适应架空输电线路而设置的，功用与避雷针相似，也是处于较高位置承受雷击，使线路得到保护。

　　避雷器多设置在被保护的电气设备（例如变压器）附近，主要保护电气设备免遭由线路传来的雷电冲击波的袭击。一旦有雷电冲击波传入，避雷器会首先放电，限制了电压幅值，使电气设备受到保护。

　　由此可见，防雷措施冠以"避雷"二字，是指能使被保护物体避免雷击的意思，而它们自己是引雷上身。接地装置是特意埋设于地下的一组导体。它的作用是减小避雷针（线）或避雷器与大地（零电位）之间的电阻值，以达到降低雷电冲击电压幅值的目的。

（一）避雷针

　　避雷针是经常采用的防护直击雷装置。一套完整的避雷针装置包括接闪器、引下线和接地装置。避雷针利用尖端放电的原理，即当雷云放电时使地面电场畸变，从而在避雷针的顶端形成局部场强集中的空间以影响雷闪先导放电的发展方向，使雷云对避雷针放电并将雷电流泄入地中，以达到保护附近的建筑物和电力设备免遭雷击的目的。通常，避雷针用于发电厂和变电站的直击雷保护。

　　避雷针的接闪器可采用直径为 16mm、长为 1~2m 的钢棒。接地引下线应保证雷电流通过时不致熔化。通常，直径为 8mm 的圆钢或截面积不小于 48mm^2、厚度不小于 4mm 的扁钢便可以满足接地引下线的要求，也可以利用非预应力钢筋混凝土杆的钢筋或钢构架本身作为接地引下线。接地引下线与接闪器和接地装置之间以及接地引下线本身的接头都应可靠连接。连接处不允许用绞合的办法，而必须用焊接或线夹、螺钉。

　　避雷针必须高于被保护物，但避雷针在雷云—大地这个大电场中的影响是很有限的。雷云在高空随机飘移，先导放电的开始阶段随机的向地面的任意方向发展，只有当发展到距离地面某一高度 H 后，才会在一定范围内受到避雷针的影响而对避雷针放电。H 称为定向高度，与避雷针的高度 h 有关。据模拟实验当 h≤30m 时，H≈20h；当 h>30m 时，H≈600m。

受避雷针保护的空间是有一定范围的，避雷针的保护范围可由模拟实验和运行经验来确定。所谓保护范围，一般是指这样的空间范围：在此空间范围内的被保护物遭受直接雷击的概率仅为 0.1%左右。

避雷针的保护范围是一个锥形空间。这个锥形空间的确定是：从针的顶点向下作与针成 45°的斜线，构成锥形保护空间的上部；从距针底沿地面各方向 1.5h 处向针 0.75h 高处作连接线，与上述 45°斜线相交，交点以下的斜线构成了锥形保护空间的下部，一般用保护半径来表征避雷针的保护范围。

（二）避雷线

避雷线（架空地线）的作用原理与避雷针相同，主要用于输电线路的保护，也可用来保护发电厂和变电所，近年来许多国家都采用避雷线保护 500kV 大型超高压变电站。对于输电线路，避雷线除了防止雷电直击导线外，同时还有分流作用，以减少流经杆塔入地的雷电流，从而降低塔顶电位。而且避雷线对导线的耦合作用还可降低导线上的感应过电压。

避雷线的保护范围，通常用保护角（避雷线与外侧导线之间的夹角）α 来表示，保护角一般取为 20°~30°，这时即认为导线已处于避雷线的保护范围之内。对 220~330kV 的线路，一般取 α=20°左右，对于 500kV 线路，一般取 α 不大于 15°。山区宜采用较小的保护角。

（三）避雷器

输电线路一旦遭受雷击（对线路本身可能是直击雷过电压，也可能是感应雷过电压或者是反击过电压），雷电将沿线路侵入发、变电所或建筑物而危及电气设备。这些都是避雷针（线）所不能解决的问题。另外，同样电压等级的电气设备比线路的绝缘水平低得多。为了将这种侵入波过电压限制在电气设备的耐压值之内，可用避雷器来保护。

避雷器是专门用以限制线路传来的雷电过电压或操作过电压的一种电气设备。避雷器与避雷针的保护原理不同，它实质上是一个放电器，与被保护的电气设备并联。当作用在被保护电气设备及避雷器上的电压升高到一定程度，并超过避雷器的放电电压后，避雷器先放电，从而限制了过电压的发展，保护了其他电气设备。

对运行中的避雷器应满足以下基本要求：

第　，当雷电过电压达到或超过避雷器动作电压时，避雷器应尽快可靠动作，使雷电流泄入大地，以降低作用于设备上的过电压。

第二，在雷电过电压作用之后，避雷器应能在规定时间内迅速切断工频电压作用下的工频续流，使系统尽快恢复正常，避免供电中断。避雷器一旦在冲击电压下放电，就造成了系统对地的短路，此后虽然雷电过电压瞬间就消失，但持续作用的工频电压在避雷器中形成工频短路电流，称为工频续流。工频续流一般以电弧放电的形式存在。一般要求避雷器在第一次电流过零时即应切断工频续流，从而使电力系统在开关尚未跳闸时即能够继续正常工作。

第三，避雷器应具备的性能。残压（雷电流在避雷器上所形成的压降）较低，伏秒特性应比较平坦，便于绝缘配合；具有较强的通流能力；不应产生高幅值的截波，以免造成被保护设备绝缘的损害。

避雷器有四种基本类型，即保护间隙、管型避雷器、阀式避雷器以及氧化锌避雷器。必须指出的是，其中以氧化锌避雷器的保护性能最为优越，在实际应用中已经取代了前面三种传统型避雷器（保护间隙、管型避雷器和阀式避雷器）。

保护间隙和管型避雷器主要用于限制雷电过电压，一般用于配电线路以及变电所的进线段保护；阀式避雷器以及氧化锌避雷器用于发电厂、变电站的保护，在 220kV 及以下系统主要限制雷电过电压，在 330kV 及以上系统还用来限制操作过电压或作为操作过电压的后备保护。

1. 保护间隙和管型避雷器

（1）保护间隙。保护间隙是一种最原始、最简单的避雷器。它与被保护设备并联，当雷电侵入波的幅值超过保护间隙的击穿强度以后，间隙先被击穿，把一部分过电压能量泄入大地，防止被保护设备上电压的升高。

保护间隙在雷电过电压波作用下击穿后，紧接着还有电网的工频短路持续电流（简称"工频续流"）流过间隙。由于角形保护间隙的熄弧能力差，有时候不能自动熄弧，会引起线路跳闸而降低了供电可靠性。为此，可将保护间隙配合自动重合闸使用。保护间隙的主要缺点是灭弧能力低，只能熄灭中性点不接地系统中不大的单相电流，因此在我国只用于 10kV 以下的配电线路中。

（2）管型避雷器。管型避雷器（又叫排气式避雷器）实际上是一个具有较高熄弧能力的保护间隙。一个间隙在大气中称为外间隙，其作用是隔离工作电压以避免产气管被泄漏电流烧坏，另一个间隙在管内为内间隙，其电极一端为棒形，另一端为环形。产气管可用纤维、塑料或橡胶等产气材料制成。当雷电冲击波袭来时，间隙均被击穿，使雷电流入地。冲击电流消失后间隙流过工频续流。在工频续流电弧的高温作用下，会使产气材料分解出大量的气体，使管内的压力增加。气体在高压作用下通过环形电极的开口孔喷出，形成强烈的纵吹作用，促使电弧在工频续流第一次经过零值时熄灭。

2. 阀式避雷器

阀式避雷器由火花间隙和阀片电阻两个基本部件串联组成。它具有较平的伏秒特性和较强的灭弧能力，同时可以避免截波发生，这与排气式避雷器相比，在保护性能上是一重大改进。它分为普通型和磁吹型两大类。普通型有 FS 和 FZ 型；磁吹型有 FCZ 和 FCD 型。

普通型阀式避雷器的工作原理是：当系统正常时，火花间隙将阀片电阻和工作母线隔离，以免由工作电压在阀片电阻中产生的电流使阀片电阻烧坏。一旦工作母线上的电压超过其击穿电压值时，火花间隙将被击穿并引导雷电流通过阀片电阻泄入大地。此时阀片电阻的阻值将自动变小以降低在其两端形成的压降（此压降称为残压），雷电流消逝后，作用在阀片电阻上的电压即为工频电压，此时阀片电阻的阻值将自动变大，限制了工频续流。

第三节　电气作业的安全措施

一、保证安全的组织措施

在电气设备上进行工作时，运行、检修、试验等部门应统一指挥、明确分工、密切配合，保证工作人员的人身安全和设备安全；应遵守的组织措施有工作票制度，工作许可制度，工作监护制度，工作间断、转移和终结制度。

（一）工作票制度

1. 工作票的种类

在电气设备上进行的工作应根据具体工作内容和需要填写工作票或应急抢修单。工作票的形式有下列六种：

（1）变电站（发电厂）第一种工作票。

（2）电力电缆第一种工作票。

（3）变电站（发电厂）第二种工作票。

（4）电力电缆第二种工作票。

（5）变电站（发电厂）带电作业工作票。

（6）变电站（发电厂）事故应急抢修单。

2. 工作票的填写与签发

工作票应使用钢笔或圆珠笔填写，也可以使用计算机生成或打印出统一格式的工作票，由工作签发人审核无误，手工或电子签名后方可执行。工作票一式两份，一份应保存在工作地点，由工作负责人收执；另一份由工作许可人收执，按执移交。工作许可人应将工作票的编号、工作任务、许可及终结时间计入登记簿。在一张工作票中，工作票签发人、工作负责人和工作许可人三者不可互相兼任。工作负责人可以填写工作票。

工作票由设备运行管理单位签发，也可由经设备运行管理单位审核且经批准的修试及基建单位签发。修试及基建单位的工作票签发人及工作负责人名单应事先送有关设备运行管理单位备案。第一种工作票在工作票签发人认为必要时可采用总工作票、分工作票、并同时签发。总工作票、分工作票的填用、许可等有关规定由单位主管生产的领导（总工程师）批准后执行。

供电单位或施工单位到客户变电站内施工时，工作票应由有权签发工作票的供电单位、施工单位或用户单位签发。

3. 工作票的使用

一个工作负责人只能发给一张工作票，工作票上所列的工作地点，以一个电气连接部分为限。如施工设备属于同一电压、位于同一楼层，同时停、送电，且不会触及带电导体时则允许在几个电气连接部分使用一张工作票。开工前工作票内的全部安全措施应一次完成。

若一个电气连接部分或一个配电装置全部停电，则所有不同地点的工作，可以发给一张工作票，但要详细填明主要工作内容。几个班同时工作时，工作票可发给一个总的工作负责人，在工作班成员栏内，只填明各班的负责人，不必填写全部工作人员名单。若至预定时间，一部分工作尚未完成，须继续工作而不妨碍送电者，在送电前，应按照送电后现场设备带电情况，办理新的工作票，布置好安全措施后，方可继续工作。

在几个电气连接部分上依次进行不停电的同一类型的工作，可以使用一张第二种工作票。在同一变电站或发电厂升压站内，依次进行的同一类型的带电作业可以使用一张带电作业工作票。

持线路或电缆工作票进入变电站或发电厂升压站进行架空线路、电缆等工作，应增添工作票份数，工作负责人应将其中一份工作票交变电站或发电厂升压站的工作许可人。上述单位的工作票签发人和工作负责人名单应事先送有关运行单位备案。

要变更工作班成员时，须经工作负责人同意，在对新工作人员进行安全交底手续后，方可进行工作。非特殊情况不得变更工作负责人，如须变更工作负责人应由工作票签发人同意并通知工作许可人，工作许可人将变动情况记录在工作票上。工作负责人允许变更一次。原、现工作负责人应对工作任务和安全措施进行交接。

在原工作票的停电范围内增加工作任务时，应由工作负责人征得工作票签发人和工作许可人同意，并在工作票上增填工作项目。若须变更或增设安全措施者应填用新的工作票，并重新履行工作许可手续。变更工作负责人或增加工作任务，如工作票签发人无法当面办理，应通过电话联系，并在工作票登记簿和工作票上注明。

第一种工作票应在工作前一日预先送达运行人员，可直接送达或通过传真、局域网传送，但传真的工作票许可应待正式工作票到达后履行。临时工作可在工作开始前直接交给工作许可人。第二种工作票和带电作业工作票可在进行工作的当天预先交给工作许可人。工作票有破损不能继续使用时，应补填新的工作票。

4. 工作票的有效期与延期

第一、二种工作票和带电作业工作票的有效时间，以批准的检修期为限。第一、二种工作票须办理延期手续时，应在工期尚未结束以前由工作负责人向运行值班负责人提出申请（属于调度管辖、许可的检修设备，还应通过值班调度员批准），由运行值班负责人通知工作许可人给予办理。第一、二种工作票只能延期一次。

5. 工作票所列人员的基本条件

（1）工作票的签发人应是熟悉工作人员技术水平，熟悉设备情况，熟悉《电力安全工作规程》，并具有相关工作经验的生产领导人、技术人员或经本单位主管生产领导批准的人员。工作票签发人员名单应书面公布。

（2）工作负责人应是具有相关工作经验、熟悉设备情况，熟悉本规程和工作班人员工作能力，经工区（站、公司）生产领导书面批准的人员。

（3）工作许可人应是经工区（站、公司）生产领导书面批准的有一定工作经验的运行人员或经批准的检修单位的操作人员（执行工作任务操作及做安全措施的人员）。

（4）专责监护人应是具有相关工作经验、熟悉设备情况和《电力安全工作规程》的人员。

6. 工作票所列人员的安全责任

（1）工作票签发人的责任。审核工作票所列工作必要性和安全性；审核工作票上所列安全措施是否正确完备；审核所派工作负责人和工作班人员是否适当和充足。

（2）工作负责人（监护人）的责任。工作负责人应正确安全地组织工作；负责检查工作票所列安全措施是否正确完备和是否符合现场实际条件，必要时予以补充；工作前对工作班成员进行危险点告知，交代安全措施和技术措施，并确认每一个工作班成员都已知晓；严格执行工作票所列安全措施；督促、监护工作班成员遵守《电力安全工作规程》，正确使用劳动防护用品和执行现场安全措施；掌握工作班成员精神状态是否良好、变动是否合适。

（3）工作许可人的责任。负责审查工作票所列安全措施是否正确完备、是否符合现场条件；工作现场布置的安全措施是否完善，必要时予以补充；负责检查检修设备有无突然来电的危险；对工作票所列内容即使发生很小疑问，也应向工作票签发人询问清楚，必要时应要求做详细补充。

（4）专责监护人的责任。明确被监护人员和监护范围；工作前对被监护人员交代安全措施，告知危险点和安全注意事项；监督被监护人员遵守《电力安全工作规程》和现场安全措施，及时纠正不安全行为。

（5）工作班成员的责任。明确工作内容、工作流程、安全措施，工作中的危险点，并履行确认手续；严格遵守安全规章制度、技术规程和劳动纪律，正确使用安全工器具和劳动防护用品相互关心工作安全，并监督《电力安全工作规程》的执行和现场安全措施的实施。

（二）工作许可制度

在电气设备上进行工作，必须事先征得工作许可人的同意，未办理许可手续，不准擅自进行工作。工作许可手续，应通过一定的书面形式进行，发电厂、变电站通过工作票履行工作许可手续。《电力安全工作规程》要求工作许可人会同工作负责人共同到现场检查所作安全措施，并以手触试检修设备确无电压，对工作负责人指名工作场所范围，指明附近带电设备的位置和注意事项。工作负责人对安全措施认为满意，双方在工作票上签字后，工作班才许可开始工作。工作许可手续应逐级进行，即工作负责人从工作许可人处得到许可工作命令，每一个工作人员从工作负责人处得到许可工作命令。

运行人员不得变更有关检修设备的运行接线方式。工作负责人、工作许可人任何一方不得擅自变更安全措施，工作中如有特殊情况需要变更时，应先取得对方的同意。变更情况及时记录在值班日志内。

（三）工作监护制度

工作票许可手续完成后，工作负责人、专责监护人应向工作班成员交代工作内容、人员分工、带电部位和现场安全措施，进行危险点告知，并履行确认手续，工作班方可开始工作。工作负责人、专责监护人应该始终在现场，对工作班人员的安全认真监护，及时纠正不安全的行为。

所有工作人员（包括工作负责人）不允许单独进入、滞留在高压室内和室外高压设备区内。若工作需要（如测量极性、回路导通试验等），而且现场设备允许时，可以准许工作班中有实际经验的一个人或几人同时在其他室进行工作，但工作负责人应在事前将有关安全注意事项予以详尽的告知。

工作负责人在全部停电时可以参加工作班工作。在部分停电时，只有在安全措施可靠、人员集中在一个工作地点、不至于误碰带电部分的情况下，方可参加工作。工作票签发人或工作负责人，应根据现场的安全条件、施工范围、工作需要等具体情况，增设专责监护人和确定被监护的人员。专责监护人不得兼做其他工作。专责监护人临时离开时，应通知被监护人员停止工作或离开工作现场，待专责监护人回来后方可开始工作。

工作期间，工作负责人若因故暂时离开工作现场时，应指定能胜任的人员临时代替，离开前应将工作现场交代清楚，并告知工作班成员。原工作负责人返回工作现场时，也应履行同样的交接手续。若工作负责人必须长时间离开工作现场时，应由原工作票签发人变更工作负责人，履行变更手续，并告知全体工作人员及工作许可人。原、现工作负责人应做好必要的交接手续。

（四）工作间断、转移和终结制度

工作间断时，工作班人员应从工作现场撤出，所有安全措施保持不动，工作票仍由工作负责人执存，间断后继续工作，无须通过工作许可人。每日收工，应清扫工作地点，开放已封闭的通路，并将工作票交回运行人员。次日复工时应得到工作许可人的许可，取回工作票。工作负责人应重新认真检查安全措施是否符合工作票的要求，并召开现场班会后，方可工作。若无工作负责人或专责监护人带领，工作人员不得进入工作现场。

在未办理工作票终结手续以前，任何人员不准将停电设备合闸送电。在工作期间，若有紧急需要，运行人员可在工作票未交回的情况下合闸送电，但应预先通知工作负责人在得到工作班全体人员已经离开工作地点、可以送电的答复后方可执行。

在同一电气连接部分用同一工作票依次在几个工作地点转移工作时，全部安全措施由工作人员在开工前依次做完，不须再办理转移手续。但工作负责人在转移工作地点时，应向工作人员交代带电范围、安全措施和注意事项。

全部工作完毕后，工作人员应清扫、整理现场。工作负责人应先周密检查，待全体工作人员撤离工作地点后，再向运行人员交代所修项目、发现的问题、试验结果和存在问题等，并与运行人员共同检查设备状况、状态，有无遗留物件，是否清洁等，然后在工作票上填明工作结束时间。经双方签名后，表示工作终结。待工作票上的临时遮栏已拆除，标志牌已取下，已恢复常设遮栏，未拉开的接地线、接地开关已汇报调度，工作票方告终结。只有在同一停电系统的所有工作票都已终结，并得到值班调度员或运行值班负责人的许可指令后，方可合闸送电。已终结的工作票、事故应急抢修单应保存一年。

二、保证安全的技术措施

保证安全的技术措施主要包括停电、验电、装设接地线、悬挂标志牌和装设遮栏等。其目的是在全部停电或部分停电设备上进行工作时，防止停电设备上突然来电，工作人员由于不注意而误碰到带电运行的设备上，以致造成触电事故。

（一）停电

1. 脱离电源

将停电工作设备可靠地脱离电源，确保有可能给停电设备送电的各方面电源均须断开。由于大多情况下的厂（站）用变压器及电压互感器二次电压都能自动或手动切换，稍有疏忽，就有可能通过厂（站）用变或电压互感器造成倒送电，因此必须注意将连接在停电设备上的厂（站）用变压器、电压互感器从高低压两侧断开，并悬挂"禁止合闸，有人工作！"的标志牌。厂（站）用变压器和电压互感器在采取了以上措施以后，即可认为无来电可能。

在进行配电线路的停电工作时，要特别注意倒送电的问题。这必须从加强用电管理、加强对自发电和双电源用户的专业管理入手，并积极采取技术改进措施，安装防倒送电装置，杜绝倒送电事故的发生。在拟订停电方案和检修措施时，应尽可能采取分组、分段小范围的检修方式，将该段内的所有分支或用户的支接开关和跌开式保险器拉开，对无法断开的分支，则应在该分支上悬挂接地线。

2. 断开电源

断开电源，至少要有一个明显的断开点。其目的是做到一目了然，也使得停电设备和电源之间保持一定的空气间隙，因为长空气间隙的放电电压一般是比较稳定的，即使在潮湿的情况下，也能保持较高的绝缘强度。而开关却不然，当开关绝缘强度显著下降，而且开关还可能由于触头熔焊、机构故障、位置指示器失灵等原因，造成开关拒开断或不完全开断，而位置指示器却在断开位置，这样有可能造成错觉而酿成事故。因此禁止在只经开关断开电源的设备上工作，而必须使电源的各方至少有一个明显的断开点。

3. 断开中性点

运行中的星型接线设备（检修设备除外）的中性点，必须视为带电设备。这是因为对中性点不接地系统来说，在正常运行时，其中性点具有一定的对地电位。这个对地电位叫作中性点的位移电压，也叫作不对称电压。这一电压的产生主要是由系统各相对地电容不对称引起的，例如由于线路导线的不对称排列，对没有架空地线的 35kV 线路来说，当导线按水平排列，线间距为 3m，则不对称电压可能达 700V 左右，把以上数值的电压引到检修设备上去，显然是很危险的，尤其是当发生单相接地故障时，中性点的对地电压可高达相当于相电压的数值。对中性点采用消弧线圈接地的系统来说，其中性点也具有一定的电位，数值的大小决定于脱谐度是否适宜和系统不对称度的大小。

即使是中性点直接接地系统的变压器，其中性点还是具有一定的电位，尤其是当发生接地故障时，其电位将更高。因此，在将检修设备停电时，必须同时将和其有电气连接的其他任何运用中的星形接线设备（检修设备除外）的中性点断开。

（二）验电

验电可直接验证停电设备是否确无电压，也是检验停电措施的制定和执行是否正确、完善的重要手段。因为有很多因素可能导致认为已停电的设备，实际上却是带电的。如停电措施不完善或由于操作人员失误而未能将各方面的电源完全断开或实际停电范围与计划的停电范围不符；设备停电后又突然来电；与停电作业线路交叉，跨越线路带电且隔离措施不完备等许多意想不到的情况，都可能导致认为停电的设备实际有电，所以必须在装设三相短路接地线前验明设备或线路确无电压。验电时应注意下列事项：

第一，验电时，应采用相应电压等级而且合格的接触式验电器。低于设备额定电压的验电器进行验电时对人身将产生危险；反之，用高于设备额定电压的验电器进行验电，有可能造成误判断，同样会对人身安全造成威胁。验电还应采用合格的验电器，验证验电器是否合格完好则应先在有电设备上进行试验，以确证验电器指示良好。无法在有电设备上进行试验时，可用高压发生器等确认验电器良好。如果在木杆、木梯或木架上验电，验电器不接地线不能指示者，可在验电器绝缘杆尾部接上接地线，但应经运行值班负责人或工作负责人许可。

第二，验电应分相逐相进行，对在断开位置的断路器或隔离开关进行验电时，还应同时对两侧各相验电。

第三，对电容量较大的设备（如长架空线、电缆线路、移相电容器等）进行验电时，由于剩余电荷较多，一时不易将电荷泄放完，因此刚停电后即进行验电，验电器仍会发亮。出现这种情况时必须过几分钟再进行验电，直至验电器指示无电为止。切记不能凭经验办事，当验电器指示有电时，想当然认为这是剩余电荷作用所致，就盲目进行接地操作，是十分危险的。

第四，35kV 以上的电气设备，通常采用绝缘棒或零值瓷绝缘子检测器进行验电。但使用瓷绝缘子检测器进行验电时，不能光凭一片或几片瓷绝缘子无放电声即认为无电，而必须对整串瓷绝缘子进行检验后才能确认无电，以防开始被测瓷绝缘子原系零值瓷绝缘子而造成误判断。同时在验电前同样应在有电设备瓷绝缘子上进行测验，以证明瓷绝缘子检测器的间隙距离是合适的。

第五，信号和表计等通常可能因失灵而错误指示，因此不能光凭信号或表计的指示来判断设备是否带电；但如果信号和表计指示有电，在未查明原因、排除异常的情况下，即使验电器检测无电，也应禁止在该设备上工作。

第六，高压验电时应戴绝缘手套。验电器的伸缩式绝缘棒长度应拉足，验电时手应握在手柄处不得超过护环，人体应与验电设备保持安全距离。雨雪天气时不得进行户外直接验电。

第七，对无法进行直接验电的设备，可以进行间接验电，即检查隔离开关的机械指示位置、电器指示、仪表及带电显示装置指示的变化，且至少应有两个及指示已同时发生对应变化；若进行遥控操作，则应同时检查各类控制开关的状态指示、遥测、遥信信号及带电显示装置的指示进行间接验电。330kV 及以上的电气设备，可采用间接验电的方法进行验电。

（三）装设接地线

虽然我们从组织措施和技术措施方面采取了一系列保证工作人员安全的措施，但仍有很多原因使停电工作设备发生突然来电的现象。根据对有关情况的分析和事故教训的总结，停电工作设备发生突然来电的原因如下：

第一，由于误调度或误操作，造成对停电工作设备误送电。

第二，由于自发电、双电源用户（包括私拉乱接而实际变成双电源供电的用户）以及发电厂、变电站的厂（站）用变压器和电压互感器二次回路等的错误操作而造成对停电工作设备的倒送电。

第三，附近带电设备的感应，特别是当和停电检修线路平行接近的带电线路流过单相接地短路电流（指大接地电流系统），或流过两相接地短路电流时，对停电工作设备的感应，使其意外地带有危险电压。

第四，停电线路和带电线路同杆架设或交叉跨越，两者之间发生意外的接触或接近放电，而使停电工作设备突然带电。

第五，当停电的低压网络和带电的低压网络共用零线时，由于零线断开或接地不良等原因，可能从零线窜入高电位而使停电工作的低压网络带有危险电压。在某些特定的条件下，从零线传入的高电位还可能向配电变压器的高压侧反馈。

第六，停电设备上空有雷电活动时，落雷或雷电感应使停电工作设备突然带电。

第七，由于将发电厂、变电站接地网的高电位引出，或由于将入地电流引入而使停电工作线路意外带有危险电压。

（四）悬挂标志牌和装设遮栏（围栏）

悬挂标志牌可提醒有关人员及时纠正将要进行的错误操作和做法。为防止因误操作而错误地向有人工作的设备合闸送电，要求在一经合闸即可送电到工作地点的断路器和隔离开关的操作把手上，均应悬挂"禁止合闸，有人工作！"的标志牌。如果停电设备有两个断开点串联时，标志牌应悬挂在靠近电源的隔离开关把手上；对远方操作的断路器和隔离开关，标志牌应悬挂在控制盘上的操作把手上；对同时能进行远方和就地操作的隔离开关，则还应在隔离开关操作把手上悬挂标志牌。

当线路有人工作时，则应在线路断路器和母线侧隔离开关把手上悬挂"禁止合闸，线路有人工作！"的标志牌。当发电厂、变电站的电气设备及相应的线路均有人工作时，在一经合闸即可送电到工作地点的断路器和隔离开关把手上应悬挂两种标志牌：一种是——"禁止合闸，有人工作！"另一种是——"禁止合闸，线路有人工作！"有关线路工作标志牌的悬挂和拆除，必须按调度员的命令进行。

在发电厂、变电站的室内高压设备上工作，应在工作地点两旁间隔、对面间隔的遮栏上以及禁止通行的过道上悬挂"止步，高压危险！"的标志牌，以警告检修人员不要误入有电间隔或接近带电部分。

发电厂、变电站的室外配电装置，大多没有固定的围栏，布置得也比较分散，因此在室外配电装置上进行部分停电工作时，应在工作地点带电设备四周用绳子做好围栏，以限制检修人员的活动范围，防止误登邻近有电设备和构架；围栏上还应悬挂适当数量的"止步，高压危险！"标志牌，并悬挂在围栏内侧方向；严禁跨越围栏。

发电厂、变电站部分停电工作时，还须在工作地点或工作设备上悬挂"在此工作！"的标志牌。

35kV及以下设备的临时遮栏，如因工作特殊需要，可用绝缘挡板与带电部分直接接触，但此种挡板应具有高度的绝缘性能。严禁工作人员擅自移动或拆除遮栏（围栏）、标志牌。

三、电气安全用具

电气安全用具是为防止电气工作人员作业中发生人身触电、高处坠落、电弧灼伤等伤害事故，保障工作人员人身安全的各种专用工具和用具。其主要包括防止工作人员直接触电的绝缘安全用具，起验电和测量作用的携带式电压和电流指示器，防止高处坠落的登高作业安全用具，电气检修工作中为保障工作人员安全而装设的临时接地线、遮栏和标志牌，以及防止电弧灼伤眼睛的护目镜等。其余的用具不管是否用绝缘材料制成，由于不对其绝缘性能提出特殊要求，均属于非绝缘安全用具。

（一）绝缘安全用具

绝缘安全用具起绝缘作用，用于防止工作人员在电气设备上操作时发生直接触电。绝缘安全用具又分为基本安全用具和辅助安全用具两类。

基本安全用具的绝缘强度能长时间可靠承受电气设备的工作电压，能直接用来在带电设备上操作，如用来操作隔离开关、高压熔断器或装拆临时接地线的绝缘棒或绝缘夹钳。这种安全用具的大小、尺寸和绝缘性能取决于电气设备的电压等级。携带式电压和电流指示器使用时直接接触或靠近带电体，其绝缘把手也必须能够承受被测量部位可能出现的最高电压，因此也属于基本安全用具。

辅助安全用具的绝缘强度虽然也有一定的要求，但不足以承受电气设备的工作电压，只能配合基本安全用具使用，进一步加强基本安全用具的保安作用。低压电气设备的工作电压和可能出现的过电压数值都不高，多数辅助安全用具的绝缘强度都可以满足要求，因此一些辅助安全用具在低压系统中可以作为基本安全用具。

1. 基本安全用具

（1）绝缘棒。绝缘棒又称绝缘操作杆、令克棒。绝缘棒的结构主要由工作部分、绝缘部分和握手部分构成。

工作部分由金属或具有较大机械强度的绝缘材料（如玻璃钢）制成，其形状可根据工作需要制成"T"形、"L"形，也可以制成螺纹或插头状。工作部分长度一般不超过 5~8cm，不宜过长，以免操作时造成相间短路或接地短路。

绝缘部分和握手部分是用浸过绝缘漆的木材、硬塑料、胶木、环氧树脂玻璃布管等制成的，两者之间由护环隔开，环的直径一般比握手部分大 2~3cm，以防操作人员抓握越位而缩短绝缘部分的有效长度。绝缘部分必须光洁、无裂纹或硬伤，其长度根据工作需要、电压等级和使用场所不同而定。为了便于携带和保管，往往将绝缘棒分段制作，每段端头有金属螺丝相互镶接，也可用其他方式连接，使用时将各段接上或拉开即可。

（2）绝缘夹钳。绝缘夹钳是用来安装和拆卸高压熔断器或执行其他类似工作的工具，主要用于 35kV 及以下电力系统。绝缘夹钳的结构也包括三个部分，即工作部分（钳口）、绝缘部分（钳身）和握手部分（钳把）。各部分所用材料与绝缘棒相同，只是它的工作部分是一个强固的夹钳，并有一个或两个管形的钳口，用以夹紧熔断器。

2. 辅助安全用具

（1）绝缘手套。绝缘手套是用特种橡胶制成，要求绝缘强度符合要求而且柔软耐磨。绝缘手套是在高压电气设备上进行操作时使用的辅助安全用具，如使用绝缘棒操作高压隔离开关、高压跌落开关、油开关时配戴；在低压带电设备上工作时，把它作为基本安全用具使用，即绝缘手套可直接用来在低压设备上进行带电作业。绝缘手套可使人的两手与带电物绝缘，是防止同时触及不同极性带电体而触电的安全用具。绝缘手套的长度至少应超过手腕 10cm。

（2）绝缘靴（鞋）。绝缘鞋的主要作用是使人体与地面绝缘，绝缘靴用于高压系统操作时使用，绝缘鞋用于低压系统操作时使用，可以防止跨步电压、泄漏电流和接触电压等对人体的伤害。

绝缘靴（鞋）也是由特种橡胶制成的。绝缘靴通常不上漆，这和有光泽黑漆的橡胶水靴在外观上不同。

（3）绝缘垫。绝缘垫的保安作用与绝缘靴基本相同，因此可把它视为一种固定的绝缘靴。绝缘垫一般铺在配电装置室等地面上以及控制屏、保护屏和发电机、调相机的励磁机等端处，以便带电操作开关时，增强操作人员的对地绝缘，避免或减轻发生单相短路或电气设备绝缘损坏时，接触电压与跨步电压对人体的伤害。在低压配电室地面上铺绝缘垫，可代替绝缘鞋，起到绝缘作用，因此在 1kV 以下绝缘垫可作为基本安全用具，而在 1kV 以上时，仅作为辅助安全用具。

绝缘垫也是由特种橡胶制成的，表面有防滑条纹或压花，有时也称它绝缘毯。绝缘垫的厚度有 4mm、6mm、8mm、10mm、12mm 五种，宽度常为 1m，长度为 5m，其最小尺寸不宜小于 0.8m×0.8m。

（4）绝缘台。绝缘台是一种可用在任何电压等级的电力装置中的带电工作时的辅助安全用具。绝缘台的台面用干燥、木纹直、无节疤的木板或木条拼成，相邻板条留有一定的缝隙，以便检查瓷绝缘子是否有损坏，台面板四脚用瓷绝缘子与地面绝缘并作台脚之用。

绝缘台最小尺寸不宜小于 0.8m×0.8m，最大尺寸不宜超过 1.5m×1.0m，以便检查。台面板条间距不宜大于 2.5cm，以免鞋跟陷入。瓷绝缘子高度不得小于 10cm。台面板边缘不得伸出瓷绝缘子以外，以免绝缘台倾翻，使作业人员摔倒，为增加绝缘台的绝缘性能，台面木板（木条）应涂绝缘漆。

（5）绝缘隔板。绝缘隔板是防止工作人员对带电设备发生危险接近的一种防护用具，也可装设在断开的 6~10kV 动、静触头之间，作为突然来电的保安用具。

绝缘隔板一般用环氧玻璃布板或聚氯乙烯塑料制成。它的大小应满足一定的安全距离。此时绝缘隔板的大小应视带电体的尺寸和工作人员的活动范围而定。总之必须保证工作人员在工作中不致造成对带电体的危险接近。

（二）携带型电压、电流指示器

1. 携带型电压指示器

携带型电压指示器，一般称验电器，用以指示设备是否带有电压，也是一种基本安全用具。一般根据被验设备电压等级的高低将其分为高压验电器和低压验电器。高压验电器中又按额定电压等级分别配备不同的专用验电器。

验电器上的接地螺丝一般不须接地线，只有在木杆和木台架上验电时，验电人离地面太远，电容电流太小不足以使氖灯发亮时，才将验电器接地。此时应注意接地线不可碰上设备的带电部分以免造成短路事故。切记在木杆和木台架上验电时，验电器若没有接地线，氖灯不发亮，但并不等于不带电。由于氖灯在室外阳光下难以分辨发光与否，验电器的绝缘部分长度增加时，更难于观察，因此电容式高压验电器不适宜在 35kV 及以上的室外配电装置和架空线路上使用。

（1）交流高压声光验电器。交流高压声光验电器具有声光双重信号显示，当验电器靠近交流高压带电体时，验电器检测部分发出间歇声响和色光双重指示。

声光验电器有三部分组成，其绝缘部分和握柄部分和电容式相似，35kV 以上电压等级的绝缘部分按电压不同分为几节，方便携带。检测部分由检测头和声光元件组成，当检测头接收到电信号时，触发声光元件发出指示。

YD 型高压验电器设有自检开关，可自检工作状态是否正常。验电前应先将验电头旋至"自检"位置，可听到间歇音响和看到红灯闪光，表示检测部分工作正常。然后将验电头旋至"验电"位置，此时绿色电源指示灯亮，红灯与音响停止，当被测试部位有电时，发出间歇音响和红灯闪亮。验电器用完后，须将验电头旋至关闭（绿灯熄灭）以免长期耗电。

（2）高压回转验电器。GHY 高压回转验电器是利用带电导体尖端放电产生的"电风"，使指示叶片旋转以显示有电的新型高压验电器。它具有灵敏度高、选择性强、信号指示鲜明、操作方便等优点，适用于 6~220kV 高压线路和变配电装置。

高压回转验电器的检测部分是一个回转指示器，像风扇扇叶一样的三片叶片封装在玻璃外壳内，当回转指示器的接触端子靠近高压带电体时，叶片即开始旋转。不同电压等级的验电器配有启动电压不同的回转指示器，为便于区分，回转指示器叶片上涂有不同的颜色。回转指示器分为三种型号，各型号适用电压不同，配备的绝缘棒长度也不同。

一般验电器使用前须在确知有电的设备上检验性能是否完好，但有时现场条件不能满足这一要求。为解决这一问题，回转验电器出厂时每只配有一个 GFS 型高压发生试验器，被验设备附近没有已知电源时，使用高压试验发生器进行检验，证实回转指示器性能良好即可以使用。高压验电器应存放在干燥通风的地方，避免受潮。

（3）低压验电器。低压验电器又称试电笔或验电笔。这是一种检验低压电气设备、电器或线路是否带电的一种用具，也可以用它来区分相（火）线和中性（地）线。试验时氖管灯泡发亮的即为相线。此外还可以用它区分交、直流电，当交流电通过氖管灯泡时，两极附近都发亮，而直流电通过氖管灯泡时，仅一个电极发亮。

2. 携带型电流指示器

携带型电流指示器一般称钳形电流表，用来在 10kV 及以下的电气设备上在不断开回路情况下测量导线中流过的电流。钳形电流表也是一种基本的电气安全用具，分低压和高压两种。

钳形电流表由可以开合的钳形铁芯互感器和绝缘部分组成，正面装有用转换开关变更量程的电流表。使用时，先估计电流数值，将转换开关转到适当（偏大）量程，然后张开钳形铁芯，使钳口套入被测的导线上，合拢铁芯，从电流表上读出电流数值。如量程不合适，应收回钳形电流表，把量程调合适后再测量。

钳形铁芯必须包上可靠的绝缘材料，以免测量时意外碰上带电设备的两相造成短路。

手柄用电木或塑料等绝缘材料制成，用于低压电气设备测量的钳形表手柄制成抓握式，单手可开合；用于 10kV 及以下的高压设备的钳形表手柄要有足够长度，须用双手开合，握手部分和绝缘部分要有隔离环。

在高压回路上使用钳形电流表的测量工作，应由两人进行。应注意钳形电流表的电压等级。测量时应戴绝缘手套，并站在绝缘垫上，不得触及其他设备，以防短路或接地。观测表计时要特别注意头部与带电部分的距离。

在高压回路上测量时，严禁用导线从钳形表另接表计测量。

钳形电流表应保存在干燥的地方，一般将其存放在特制的盒子里。潮湿或下雨天气，禁止在室外使用。

高压钳形电流表每年进行一次定期绝缘试验。试验时绝缘手柄加 40kV 电压的工频交流，钳形铁芯的外包绝缘加压 20kV，持续 1min 无击穿或闪络即为良好。

（三）安全防护用具

1. 携带型短路接地线

高压电气设备停电检修或清扫时，为了防止停电设备突然来电或邻近带电设备对停电设备产生感应电压，要将停电设备三相短路接地，设备断电后的剩余电荷，也可以因为接地而放掉。虽然在变电站设计时已配备了一些固定位置的接地开关，但仍有相当多的变配电装置和线路在停电检修时须使用携带型短路接地线。携带型短路接地线可以制成分相式和组合式两种。

（1）携带型短路接地线的主要技术要求。

第一，按使用要求装设的接地线应能承受设计规定的故障电流，在使用周期内应能经受正常使用时的磨损和拉扯，而不改变原有的特性。

第二，短路线和接地线应为多股铜质软绞线或编织线，并具有柔软滑润耐高温的特点，绞线外覆盖透明绝缘层。

第三，线夹应用铜或铝合金材料制成，应保证与电气设备的连接处接触良好，并应符合短路电流下的动、热稳定要求。线夹钳口可制成平面式和鳄鱼嘴状式，适用于铜、铝排母线和架空线路。

（2）携带型短路接地线的选择。选用携带型短路接地线时，应先确定使用场合。根据悬挂点可能出现的最大故障电流选择短路线的截面，以保证在任何情况下发生短路时，短路线均不致熔断。根据地线悬挂点导体的形状、尺寸选择导体端线夹的型号、口径，以保证线夹能和导体接触良好。根据设备电压的高低选择绝缘棒的等级。对于输电线路还要根据线路情况确定使用分相式还是组合式。

（3）携带型短路接地线使用、维护注意事项。

第一，使用携带型短路接地线前，必须经验电确认停电设备上确已无电压。应先将接地端线夹连接到接地网或地极上，然后用绝缘棒分别将导线端线夹逐相夹紧在设备或导线上。拆除短路接地线时，顺序和上述相反。

第二，装设短路接地线时，和带电设备的距离应考虑接地线摆动的影响。

第三，严禁不用线夹而用缠绕的方法进行短路和接地。

第四，须挂接地线处如无固定接地点可利用，可用临时接地极。临时接地极接地棒埋入地下深度应不小于0.6m。

第五，携带型短路接地线应妥善保管，不得随地乱丢。每次使用前均应检查外观是否完好，软导线应无裸露，螺母应无松脱，否则不得使用。

第六，接地线应统一编号，存放在固定位置。存放处也应对应编号，用完后对号入座，以免发生漏拆接地线而送电的误操作事故。

第七，短路接地线经受额定短路电流冲击后，一般应予报废。

2. 临时遮栏

在高压电气设备进行部分停电工作时，为了防止工作人员误入带电间隔或过分接近带电设备至危险距离，一般采用绝缘隔板、临时遮栏或其他隔离装置进行防护。临时遮栏可用干燥的木材或其他不导电材料制成板式遮栏、栅栏或网式围栏，也可用红白相间的彩带、三角旗绳索、红布幔作围栏，以明显标出检修和运行设备的界限。

3. 安全标志牌

标志牌用醒目的颜色和图像，配合一定的文字说明，提醒工作人员对危险因素的注意。防护用具还有防护眼镜、安全帽、安全带等。

（四）登高用具

登高用具包括梯子、高凳、脚扣和登高板。

1. 梯子和高凳

梯子和高凳可用木材制作，也可用竹料制作，要求坚固可靠，应能承受工作人员携带工具攀登时的重量。

梯子分为人字梯和靠梯两种。为了限制人字梯的开脚度，两侧间加拉链或拉绳。为了防滑，在光滑坚硬的地面使用的梯子，梯脚应加橡胶套垫；在泥土地面上使用的梯子，梯脚应加铁尖。为了避免靠梯翻倒，梯脚与墙之间的距离不得小于梯长的1/4；为了避免滑落，梯脚与墙之间的距离不得大于梯长的1/2。

在梯子上工作时，梯顶一般不应低于工作人员腰部，切忌工作人员站在梯子的最高档上工作。

2. 脚扣和登高板

脚扣是登杆用具，分木杆用脚扣和水泥杆用脚扣两种。脚扣主要用钢材料制成。木杆用脚扣的半圆形抱环上及根部有向内突出的小齿，以刺入木杆起到防滑作用。水泥杆用脚扣的半圆形抱环上及根部装有橡胶垫起防滑作用。

登高板又叫升降板，主要有简易的木板和绳子组成。

3. 安全带

安全带又称安全腰带，是防止高处坠落的安全工具。安全带用皮革、帆布或尼龙带制成，分腰带和系带两部分。为了保护工作人员的腰部，腰带的宽度不应小于 60mm。登高用具必须满足一定的机械强度，并定期进行检查和试验，试验周期每半年一次，外表检查每月一次，试验时间每次 5min。

四、安全用具的试验周期和标准

为确保安全用具的绝缘良好、性能可靠，应根据《电力安全工作规程》规定，进行电气试验和机械试验。未经试验或超出试验有效期的安全用具不得使用，试验不合格的安全用具不得使用，发现有损伤的安全用具应停止使用，须经过修理并试验合格后方可继续使用。

第五章 电力工程安全监督与系统设计

第一节 电力工程设计中的全阶段监督

"电力工程控制，首先是要对工程的设计实施全过程监督。"[①] 任何工程的安全工作都应摆在第一位，而电力工程作为一种技术性强的工程，必须由专业的安全管理人员做好安全监管工作，创新安全监管模式，保证电力工程建设的顺利进行。合理的安全管理体系也是保证电力工程顺利进行的关键。这包括建立健全的安全管理制度，明确责任和权限，加强培训和教育，增强工作人员的安全意识和技能。同时，还要加强与相关部门和机构的合作与沟通，共同推动电力工程安全管理的改进。

一、电力工程安全监督的特点

电力工程安全监管就是对诱发安全问题的因素进行系统的监督管理，运用科学的监管体制进行安全管理和控制。

电力工程与一般的桥梁工程、建筑工程有明显区别。虽然说其安全问题与外部因素有一定关系，但主要还是由电力工程的特点引发的。

1. 复杂性

电力工程的复杂性来源于涉及大规模的电气设备、高电压系统和复杂的电网结构。这些方面使得电力工程的安全监督任务变得更加繁重和具有挑战性。

（1）电力工程涉及大规模的电气设备，包括变压器、发电机、开关设备等。这些设备在安装、操作和维护过程中要严格遵守安全规程，以防止电击、火灾和其他事故的发生。监督人员要对这些设备的特点和工作原理有深入的了解，以确保其安全运行。

（2）高电压系统是电力工程的重要组成部分。高电压系统涉及高电压电流的传输和分

---

①李洊涛，李克昌. 电力工程设计中的全过程监督问题探讨 [J]. 湖南电力，2007，27（3）：60.

配，因此对绝缘、接地和防雷等方面的安全要求非常严格。安全监督人员要监控和确保高电压系统的绝缘性能和操作安全性，以避免电气事故和设备损坏。

（3）电力工程包括复杂的电网结构，如输电线路、配电网和变电站等。这些电网结构涉及大量的电力设备和互连关系，需要安全监督人员对电力系统的稳定性、过载保护和故障恢复等方面进行监控和管理，以确保电力供应的可靠性和安全性。

2. 高风险性

电力工程的特殊性质决定了其存在潜在的高风险，如电击、火灾等。一旦发生安全事故，可能会导致严重的后果，包括人员伤亡、财产损失和电力供应中断等。

电力工程涉及高电压电流的传输和分配，这增加了电击事故的风险。误触高电压设备、接触不良绝缘材料或在高压区域操作时，人员可能会受到电击伤害，造成严重甚至致命的后果。电力工程中的电气设备和电路可能会因短路、过载或其他故障而引发火灾。电弧闪也是一种常见的火灾风险，当电路中的电弧不受控制时，可能引起火焰和高温，导致火灾的蔓延和设备损坏。

此外，电力工程还涉及高功率设备和大电流传输，这可能导致电线发热、设备过载和短路等问题。这些问题可能导致电力设备的故障和热失控，进一步引发火灾和其他安全事故。由于电力工程的规模和复杂性，一旦发生安全事故，其后果可能非常严重。人员伤亡和财产损失可能会造成巨大的经济和社会影响。电力供应中断可能会对社会的正常运行和基础设施的稳定性产生重大影响，例如停电可能导致交通瘫痪、医疗设施无法运作等。

因此，电力工程的高风险性要求在安全监督中给予高度重视。必须采取有效的安全措施，如严格遵守安全操作规程、使用合适的防护设备、定期检查和维护设备、加强安全培训和意识提高等，以最大限度地减少潜在的风险，并确保电力工程的安全运行。

3. 多方参与

电力工程的安全监督要协调和监督涉及的多个参与方，包括工程设计单位、施工单位、供应商和监理单位等。这些参与方在电力工程的不同阶段承担着不同的责任和角色，而安全监督的目标是确保他们按照规定的安全标准和程序进行工作。

工程设计单位在电力工程的初期负责制定设计方案和规范，并确保设计方案符合安全要求。安全监督人员要与设计单位紧密合作，审核和评估设计方案的安全性，提出必要的改进建议，并监督设计的实施过程。

施工单位负责实际的工程建设和设备安装工作。安全监督人员要与施工单位密切合作，监督施工过程中的安全措施的实施情况，包括工作场所的安全环境、施工人员的安全培训和操作规程的执行等。他们还要定期检查施工现场，确保施工符合安全标准，并及时发现和解决潜在的安全隐患。

供应商是提供电力设备和材料的重要参与方。安全监督人员要与供应商合作，确保所提供的设备和材料符合安全标准，并按照规定的程序进行质量检查和验收。他们还要监督供应商的供货和安装过程，确保设备和材料的安全使用。

监理单位在电力工程中起着监督和评估的作用。安全监督人员要与监理单位进行密切的沟通和合作，共同监督工程进展和安全执行情况。他们要分享信息，及时沟通和解决存在的问题，并对工程的安全状况进行监测和评估。

因此，电力工程安全监督要协调和监督涉及的多个参与方的行为。安全监督人员要与设计单位、施工单位、供应商和监理单位保持紧密合作，确保他们按照规定的安全标准和程序进行工作，以最大限度地确保电力工程的安全进行。

4. 长周期性

电力工程的周期通常很长，从规划、设计、建设到运营阶段可能需要数年甚至更长时间。在这个漫长的过程中，安全监督要持续进行，以确保安全标准的有效执行。

在规划和设计阶段，安全监督人员参与项目的初步评估和规划过程。他们要评估潜在的安全风险和对策，并确保安全要求被纳入工程设计中。这包括确定适当的安全设备、安全防护措施和紧急响应计划等，以应对可能出现的安全问题。

在建设阶段，安全监督人员要监督施工过程，确保符合安全标准和法规要求。他们要审查施工计划、监督施工现场的安全操作，并进行现场检查和巡视，以确保施工过程中的安全措施得到有效实施。

在工程竣工后的运营阶段，安全监督人员要确保设备和系统的安全运行。他们要监测关键参数，进行设备巡检，以及制订和执行维护计划，以保障电力系统的安全性和可靠性。此外，他们还要监督培训和教育计划，确保工作人员具备必要的安全意识和技能。

在整个工程周期内，安全监督人员还要定期进行安全评估和风险分析，以及记录和分析安全事件和事故。他们应该持续改进安全管理体系，及时采取纠正措施，以提高电力工程的安全性和可持续性。

因此，电力工程的安全监督要在整个周期内持续进行。安全监督人员要密切关注项目的不同阶段，确保安全标准得到有效执行，以保障工程的安全运行和持续发展。

5. 技术性强

电力工程作为一种技术性强的工程，涉及复杂的电气系统、电力传输和配电设备。因此，对于电力工程的安全监督，安全监督人员要具备相关的技术知识和经验，以便理解和解决与电力工程安全相关的技术问题。

（1）安全监督人员要了解电力系统的基本原理和组成部分。他们应该熟悉各种电力设备，如发电机、变压器、电缆、开关设备等的工作原理和特点。这样可以使他们更好地理解电力系统的运行过程和潜在的安全风险。

（2）安全监督人员要掌握电气安全标准和规范。他们应该了解国家和行业对电力工程安全方面的要求，并能够将其应用于实际的监督工作中。这包括了解电气设备的安装、操作和维护的要求，以及如何识别和解决潜在的安全问题。

（3）在实际的安全监督工作中，安全监督人员要与工程团队、技术人员和监理单位进行有效的沟通和协调。他们应该能够解释和传达安全要求，提供技术支持和指导，并及时解决与电力工程安全相关的技术问题。

二、施工现场对安全危险源的识别

在实际安全监管工作中，识别危险源是确保电力工程安全的第一步。一般采用上评下辩的方法，对整个施工现场进行危险源的分析。这意味着专业的安全管理人员通过认识分析施工现场，增强危险源辨识能力，从而提高安全防范水平。

针对电力工程施工的环境、各个阶段施工特点和工程实情，要将工程施工中的危险源按照危险系数大小进行列举。通过正确的安全风险评价，可以单独罗列出重要的危险源，并采取相应的措施来控制这些危险源，实现标准化的危险源控制。

识别危险源的结果应该纳入施工作业指导书中，以便相关人员能够在现场进行有效的安全控制工作。同时，根据危险源进行良好的现场安全管理，抓住各个施工环境的现场安全管理重点，并监督各项安全措施是否得到有效落实。

这样的综合管理方法能够帮助安全管理人员全面了解施工现场的安全状况，发现潜在的危险源，并采取适当的措施加以控制。通过不断的监督和落实安全措施，可以降低电力工程施工过程中的安全风险，确保工程的顺利进行，并保障人员和设备的安全。

三、建立健全安全监督管理体系

安全监督管理体系是做好安全工作的重要措施，以项目经理、班组、成员为基础，在业主管理委员会、工程项目的领导下，对每一项安全工作负责。在条件许可和有需求的情况下，设置安全管理部门，负责施工现场的环境、职工安全等监管工作；设置专职的安全管理人员和兼职的安全人员，对电力工程中的每一项安全事故进行高效处理和预防。

在电力工程的建设初期，明确各个安全监管人员的义务和责任，明确分工，并进行各项安全检查工作，适当加大安全监管的力度。重视薄弱环节的安全监管，有重点地开展安全监管工作。实行安全责任制，安全责任不仅是安全人员的责任，还是全体人员的责任，将安全责任分摊到每一个人身上，辅之以激励机制，确保各项安全监管措施的落实到位。对特种操作人员实行持证上岗制度，例如，塔吊司机、电工、电焊工等在上岗前先经过相关资质考察，合格并获取证书后方能上岗。并制定严格的机械设备操作规程，要求相关操作人员严格按照要求操作，严禁违规操作情况。

电力工程的安全监管体系建立好后，加强项目骨干人员的安全教育培训和专业技术培训，并进行有效监督，树立正确的安全管理意识。树立"安全第一、预防为主"的安全管理原则，严格控制安全生产工作，初步分析安全监管工作状况，加强事前预控，提高安全监管效果。为充分发挥安全监管体系的作用，还要学会运用信息网络技术来加强安全控制。因为电力工程建设具有信息化特点，运用信息化技术实时跟进项目的安全管理进度，收集施工信息，并及时处理信息、分析信息。运用计算机网络系统连通各个部门，使各个部门保持紧密的联系，确保信息传递的迅速、准确、全面，便于安全人员做好电力工程的安全监管工作。例如，收集施工过程中的安全信息，然后对其进行定量分析，从施工人员、管理人员的工作状态、工作效果方面进行定性分析，将定量分析与定性分析结果有机结合起来，及时发现施工过程中存在的安全监督管理缺陷，迅速解决问题，确保工程建设的安全性和工程建设质量。

四、加强安全教育岗前培训

提高安全管理能力。电力工程的专业性、综合性强，危险因素多，任何施工失误都可能带来安全事故。而部分施工单位的施工人员素质不高，加上机械设备人员的违规操作等，使得电力工程中的安全事故频繁发生。因此，加强安全教育，提高整体安全管理能力是十分必要的。当前，在我国电力工程施工中，一般采用宣传片、培训、继续教育等方式提高员工的安全管理能力，增强安全意识。提高整体队伍的技能水平能有效减少违章操作的次数，减少安全事故。

在培训阶段，对员工进行严谨的技能培训和职业素养培训，并将其中的责任心强、技术过硬、综合素养高的人选拔出来，使其带领其他人员共同进步。适当加入岗位培训、交流参观等培训方式，提高全体人员的业务技能水平，使大家掌握电力工程施工中的安全技术规程和相关管理制度，严格依照要求做好分内工作，实现有章可循、有法可依，提高电力工程施工、管理的规范性、标准化。

在组织员工进行定期或不定期的专题型安全培训或安全宣教活动中，增强全体员工的安全管理能力，使大家掌握电力工程的安全问题核心，在遇到安全事故时，知道采取哪些应急处理措施，最大限度地减轻安全事故带来的危害，保障自身的安全。为提高员工的安全能力，适当开展事故演练是十分必要的，让企业员工充分掌握本电力工程建设的特点，掌握安全控制要点，在安全事故面前灵活应变和处理。

电力工程的安全监管工作是一项综合性工程。它是在电力工程建设实践中不断总结经验，学会运用先进管理技术，不断提高安全管理水平，确保电力工程建设的顺利进行，杜绝安全隐患，降低安全事故的发生率，创造安全的施工作业环境，提高电力工程施工质量，推动我国电力工程行业的可持续发展。

第二节　电力工程安全监督的主要途径

电力工程设计，是决定电力工程质量、效率、稳定性等指标的重要环节。由于历史因素的影响，我国的电网建设起步较晚，电力工程的设计与其实际建设存在一定的不同步，电力工程建设中的新技术运用与事故预防、反馈措施与电力工程的设计存在一定程度的不协调，为电力系统的发展造成了一定的阻碍。电力工程设计的监督，应立足于减少工程造价，努力使有限的资金能够更有效的应用于电力网络安全可靠性的提升。

"电力安全生产提供了最为有效的保障。"[①] 依据《国家电网公司技术监督工作管理规定》的要求，对电力工程设计的监督要以"安全第一、预防为主、提前防范"为原则，分级管理、依法监督、行业归口为方针，对电力工程进行全方位、全过程的监督。对电力工程的监督要贯穿电力工程的设计、电力设备的选择、电力工程的施工、验收等各个环节。可见，对电力工程的设计进行监督不仅是对电网的安全负责，也是相关法律法规的要求。从经济技术角度来说，对电力工程设计的监督，可以从可研性阶段、初步设计阶段与施工图设计阶段三个阶段来进行。

一、前期研究阶段的监督管理

电力工程的设计应服从和服务于电网，最大限度地满足使用者的要求，并严格遵守国家政策和相关法律法规的规定。设计人员在进行电力工程设计时，应采取以下四条步骤和考虑因素：

（一）市场调研与资料收集

市场调研和资料收集对于设计人员非常重要，特别是在设计电力工程时。设计人员要深入市场，进行调查研究，收集与所设计的电力工程相关的资料。这些资料的收集包括以

---

①何晓锦．义乌电力安全监督标准化管理系统设计与实现［D］．四川：电子科技大学，2014.

下四方面：

第一，电力市场需求。设计人员要了解当前电力市场的需求情况。他们要调查市场的规模、增长趋势和未来的发展方向。这可以通过分析市场报告、行业统计数据和与电力供应相关的政府政策来实现。

第二，用户需求。设计人员要了解用户的需求和期望，以便根据这些需求进行设计。他们可以通过市场调研、用户反馈和需求调查来获取这些信息。这可以帮助设计人员确定电力工程的功能、性能和可靠性要求。

第三，现有电网情况。设计人员要了解现有电网的情况，包括输电线路、变电站和配电网络等。他们可以通过收集相关的电力设备、线路和变电站的信息，了解电网的拓扑结构、容量和负荷情况。这些信息对于设计新的电力工程、优化现有电网和规划电力供应策略都非常重要。

第四，技术发展和最佳实践。设计人员要关注电力工程领域的技术发展和最佳实践。他们可以通过参与行业会议、研讨会和培训课程，以及阅读学术论文和专业杂志来了解最新的技术趋势和解决方案。这有助于设计人员将最新的技术应用于电力工程的设计中，提高工程的效能和可持续性。

通过充分了解市场情况和资料，设计人员可以更好地了解用户需求，并将其转化为实际的设计方案。这有助于设计出满足市场需求、用户需求和现有电网情况的电力工程方案，从而提供可靠、高效和可持续的电力供应。

（二）工程设计方案比较

设计人员需要比较不同的工程设计方案，评估它们的优劣。在比较中，应考虑技术的可行性和先进性，确保设计方案在技术上可行且具有创新性。同时，还要重点考虑设计方案对电力工程的安全性和可靠性的影响，确保工程运行稳定、可靠。

第一，技术可行性。设计方案必须在技术上可行。设计人员要评估方案中所涉及的技术是否成熟、可实现并能够达到预期的功能。这包括考虑所需的设备、材料和技术的可获得性和可靠性。

第二，技术先进性。设计人员还要评估方案的技术先进性。考虑到技术的不断发展和变化，选择具有较高技术水平和前瞻性的设计方案可以提高电力工程的效率和性能。

第三，安全性和可靠性。设计方案对电力工程的安全性和可靠性的影响至关重要。设计人员要评估方案对人员、设备和环境的安全风险，并采取相应的措施来降低这些风险。同时，设计方案应考虑工程的可靠性，以确保系统在长期运行中的稳定性和可靠性。

第四，经济性。设计人员要评估方案的经济性。这包括设计方案的成本、建设周期和运营成本。经济性评估可以帮助选择最具经济效益的设计方案，并确保在合理的成本范围内实施工程项目。

第五，可持续性。可持续性已成为设计的重要考虑因素。设计人员应评估方案在资源利用、能源效率和环境影响方面的可持续性。优先选择具有较低的碳排放、能源效率高和资源利用合理的设计方案，以促进可持续的电力工程发展。

（三）遵守法律法规和政策

设计人员在进行电力工程设计时必须严格遵守国家政策和相关法律法规的规定。这涉及多方面，包括环境保护、用地规划和安全标准等要求。设计人员的责任是确保他们的设计方案符合这些规定，以确保电力工程对环境和社会没有不良影响。

在环境保护方面，设计人员要考虑项目对周边环境的影响，包括大气污染、水资源利用和噪声等因素。他们应当采取相应的措施，确保电力工程在设计、建设和运营过程中减少对环境的负面影响。这可能涉及选择清洁能源、优化能源利用效率、减少废水排放和噪声控制等措施。

在用地规划方面，设计人员要确保电力工程的用地符合规划和土地管理的要求。他们应当遵循土地使用规划，并考虑到周边社区的利益。设计人员要合理规划设备布局，确保用地利用的高效性和可持续性。

此外，设计人员还要遵守相关的安全标准和规范。这包括电力系统的设计、电气设备的选择和敷设，以及安全操作和维护要求等方面。设计人员应确保设计方案满足国家和行业标准，以保证电力工程的安全性和可靠性。

（四）考虑施工成本

设计人员在进行设计工作时，要严格遵守国家政策和相关法律法规的规定。这些规定包括环境保护法律、建筑法规、安全规范等，旨在保护环境、保障公众安全和促进可持续发展。

在选择最优设计方案时，设计人员也要考虑施工成本的降低。这是因为投资企业通常希望在控制成本的前提下实现工程的高质量和高效率。设计人员可以通过优化设计、选用合适的材料和技术、提高施工效率等方式来降低成本，同时确保设计的可行性和质量。

然而，要注意的是，施工成本的降低不能以牺牲安全和质量为代价。设计人员在追求成本效益的同时，必须确保设计方案满足相关的安全标准和要求。安全性是设计的重要考量因素之一，不能被忽视或降低。

二、初步设计阶段的监督管理

初步设计阶段是控制电力工程造价和可靠性最为关键的阶段。根据统计数据，初步设计阶段对电力工程造价的影响可达90%。在这个阶段，设计人员的选择和设计决策对电力工程的基本构成产生了重要的影响，因此，加强对初步设计阶段的监督对于确保电力工程设计的质量至关重要。

在初步设计阶段，设计人员应该严格遵守国家相关政策法规和行业规范的规定。他们应该充分考虑各项标准，包括设备选择、材料选取以及电力工程基本结构的设计。同时，如果应用新的技术和设备，设计人员应该充分考虑设备的性能，并对其运行情况进行跟踪和评估，确保其可靠性和适应性。

此外，设计人员在初步设计阶段应该对工程各个环节的成本投入有清晰的了解。他们应该全面了解成本的构成，并且要掌握各个因素的浮动情况，避免出现成本超支等问题。在设计过程中，应注重整体成本控制，合理分配资源，并寻求降低成本的有效途径。

避免工程出现"三超"现象也是初步设计阶段的重要任务。所谓"三超"指超预算、超工期和超范围。设计人员应该在初步设计阶段就充分考虑工程的实际情况和要求，确保设计方案的合理性和可行性，避免在后续施工和运行阶段出现不可控的问题。

三、施工图设计阶段的监督管理

近年来，很多电力工程都出现了"三超"现象，即概算超过估算、预算超过概算、决算超过预算的现象。很多从业人员都将原因归结到新技术、设备的成本提高上。这是片面的看法，不采用新的技术措施，电力工程的进步从何谈起；不采取反故障措施，电力系统的可靠性与安全性如何得到保障。新技术与新设备虽然短期内投入较高，但往往能够带来长期的收益，且当前的电气设备正向着环保性的方向进步，从可持续发展的角度看，选择新的设备和施工工艺也有其必然性。设计人员应清醒地认识到，凡是搞华而不实的形式主义的新设计、新设备，都应坚决抵制；凡是符合"一强三优"标准的技术进步，都应得到提倡。在施工图设计阶段，对电力工程设计的监督也要符合"一强三优"的标准，同时还要做到以下三点：

（一）加强对设计更改的监督

加强对设计更改的监督，所有的设计更改都必须坚持以保证电网安全为原则，严厉杜绝不合理修改。

第一，制定明确的设计更改程序。建立一个明确的设计更改管理程序，包括指导文件和流程，规定了设计更改的申请、评审、批准和执行的步骤。该程序应确保设计更改始终以保证电网安全为原则，并明确不合理修改的标准。

第二，强调风险评估。对于任何设计更改，必须进行全面的风险评估。这包括对更改可能引发的潜在安全风险进行评估和分析。监督人员应确保风险评估是基于科学方法和可靠数据进行的，以准确判断设计更改对电网安全性的影响。

第三，强制要求合理性审核。对所有的设计更改都应进行合理性审核，以验证其符合相关的安全标准、法规和规程。合理性审核应由具备相关专业知识和经验的人员进行，并确保设计更改的技术可行性和安全性。

第四，加强审查和监控。对设计更改的审查和监控应更加严格和全面。监督人员要仔细审查每个设计更改的文档和图纸，确保其符合电网安全的要求。同时，定期进行现场监察和检查，确保设计更改的实施符合批准的计划和标准。

第五，增强意识和加强培训。加强对设计更改相关人员的安全意识和培训，使其能够识别潜在的安全风险和不合理修改，并采取适当的行动。这包括设计师、工程师和项目管理人员等各个层级的人员，他们应该了解电网安全的重要性，并严格遵守相关的安全要求和程序。

（二）电力工程设计人员协同监督

电力工程设计人员应当进入施工现场，与运行部门和监理部门共同对施工过程进行监督。他们的职责包括确保施工符合设计要求，以及对发现的不符合进行坚决的纠正。对于违反相关标准的操作，更应采取严厉的制止措施。

设计人员的参与可以确保施工过程与设计方案一致。他们对电力工程的设计有深入的了解，对设备的选择、布置和接线等方面有着专业的知识。因此，他们的存在可以帮助监督施工人员按照设计要求进行工作，并确保设备的正确安装和调试。

与运行部门和监理部门的合作是监督施工过程的关键。运行部门负责日常的电力系统运维和管理，他们对设备的运行状况和安全性能有着丰富的经验。监理部门负责监督施工合同的履行情况，包括质量控制和合规性。与这些部门的紧密合作可以确保施工过程的监督全面有效。

如果设计人员发现施工与设计不符合，他们应当及时采取行动，与相关部门进行沟通，并要求进行纠正。这可能涉及修改施工图纸、重新安排工作步骤或调整设备配置等。设计人员应当坚决推动施工符合设计要求，确保电力工程的质量和安全。

对于违反相关标准的操作，设计人员应当采取严厉制止措施。这可能包括立即停工、通知监理部门进行处罚、整改违规行为等。通过采取坚决的行动,设计人员可以强调对安全标准的重视,并确保施工过程符合规定的要求。

(三) 建立健全内部制约和监督机制

第一,建立内部监督机制。电力工程应设立专门的内部监督机构或部门,负责监督工程设计、施工和运行的全过程。这个机构应独立于项目参与方,并具备相应的权力和资源,能够有效地监督各个环节的工作,并及时发现和纠正问题。

第二,接受上级监督部门的监督。电力工程必须遵守国家和地方相关法规、政策和标准。监管部门会对工程进行审批、许可和监督,确保其符合法律法规和技术要求。电力工程要积极配合上级监督部门的工作,接受他们的监督和指导。

第三,社会公众的监督。电力工程对社会公众有重要影响,因此应接受社会公众的监督。这包括公众的意见征集和听证会,以便公众能够参与到决策过程中,并提供反馈和意见。同时,应及时向社会公众公开工程相关的信息,增加透明度,让公众了解工程的安全性和环境影响。

第四,开展联络会和设计审核会。电力工程的各方参与方应定期开展联络会和设计审核会。联络会可以促进各方之间的沟通和合作,及时解决问题和协调利益关系。设计审核会可以邀请专家和相关方参与,审查工程设计的合理性和安全性,提供宝贵的意见和建议。

第五,提高自身监督水平和设计水平。电力工程的监督人员和设计人员应不断提升自身的专业素质和技能,关注行业的最新发展和技术进步,不断学习和提高。他们应积极参加培训和研讨会,与同行交流经验,提高自身的监督水平和设计水平,为电力工程的进步做出贡献。

通过建立健全内部制约与监督机制,自觉接受上级监督部门与社会公众的全过程监督,并积极开展联络会和设计审核会,电力工程能够提高自身的监督水平和设计水平,确保工程的安全性、可靠性和可持续发展,为社会和公众创造更大的价值。

第三节　电力安全监督标准化管理系统设计

一、系统总体设计

（一）网络拓扑设计

1. 中央服务器

系统的核心部分是中央服务器，它在电力安全监督标准化管理系统中起着关键的作用。中央服务器承担着存储和管理所有的监督数据、报告和相关文件的任务，因此需要具备高性能和可靠性。

高性能是指中央服务器需要具备强大的计算和处理能力，能够快速地处理大量的数据和请求。这样可以保证系统在面对大规模数据存储和复杂的数据处理任务时能够高效运行，提供快速的响应和查询结果。

可靠性是指中央服务器需要具备高度的稳定性和可用性，能够保证系统的持续运行和数据的安全性。为了实现可靠性，中央服务器应采用可靠的硬件设备，并采取冗余备份策略，确保在硬件故障或意外情况下数据不会丢失，并能够及时恢复。此外，中央服务器还应具备良好的故障监测和告警机制，以及及时的维护和更新措施，确保系统能够稳定运行。

另外，中央服务器还应配备适当的数据备份和恢复机制。定期进行数据备份，可以防止数据丢失和损坏，同时也为系统的灾难恢复提供了保障。备份数据可以存储在可靠的存储介质上，并进行定期的验证和测试，确保备份数据的完整性和可用性。在系统发生故障或数据丢失时，中央服务器应能够快速恢复数据，保证系统的连续性和稳定性。

2. 客户端设备

各级管理单位和安全监督人员使用的客户端设备在电力安全监督标准化管理系统中具有重要的作用。这些设备可以是台式计算机、笔记本电脑、平板电脑或手机等各种终端设备。通过这些设备，管理单位和监督人员可以与中央服务器进行安全连接，例如使用虚拟私人网络（VPN）等加密通道，以确保数据传输的安全性和机密性。

客户端设备通过与中央服务器的通信，实现数据的上传和下载功能。监督人员可以将收集到的监督数据、报告和相关文件上传到中央服务器，以便进行集中存储和管理。同时,他们也可以从中央服务器下载所需的数据、报告和文件,以获取最新的监督信息和指导文件。

此外,客户端设备还提供了与其他监督人员进行协作和信息共享的功能。通过客户端设备,管理单位和监督人员可以进行实时的沟通和交流,分享经验和问题,并进行协同工作。他们可以共享监督数据和报告,进行数据分析和讨论,从而加强团队合作和监督效能。

客户端设备的选择应根据实际需求和使用环境进行合理选择。对于办公室环境,台式计算机或笔记本电脑可能更适合进行复杂的数据处理和分析任务。对于需要移动办公和实时监督的情况,平板电脑或手机可能更加方便携带和使用。

3. 网络安全设备

为了保护系统免受网络威胁和未经授权的访问,应部署防火墙、入侵检测和防御系统、安全网关等网络安全设备。这些设备有助于确保系统的机密性、完整性和可用性。

(1)防火墙。防火墙是位于网络边界的设备,它可以监控和控制进出系统的网络流量。通过配置访问规则和过滤策略,防火墙可以阻止未经授权的访问和恶意网络活动,保护系统免受外部攻击。

(2)入侵检测和防御系统(IDPS)。IDPS是一种网络安全设备,用于检测和阻止入侵系统的行为。它可以监控网络流量、系统日志和事件,并使用特定的检测规则和算法来识别潜在的入侵行为。当检测到入侵事件时,IDPS可以采取相应的防御措施,例如发出警报、阻止攻击流量或触发响应动作。

(3)安全网关。安全网关是一个综合性的网络安全设备,具有多种功能,如防火墙、虚拟专用网络连接、流量监控和过滤、恶意软件防护等。它可以提供对网络流量的全面保护,阻止潜在的网络攻击和恶意活动,并确保安全通信和数据传输。

4. 数据采集和监测设备

在电力工程中,使用各种传感器和监测设备来采集实时的安全数据是非常重要的,这些数据可以帮助监测电力设备的运行状态、环境条件以及潜在的安全风险。

(1)温度传感器。用于监测设备的温度变化,例如发电机组、变压器等。温度传感器可以实时采集设备的温度数据,并将其传输到中央服务器进行分析和存储。通过监测设备的温度变化,可以及时发现设备异常情况,并采取相应的措施以确保设备的安全运行。

(2)电流传感器。用于监测电力系统中的电流变化。电流传感器可以安装在输电线路、配电设备等位置,实时采集电流数据,并传输到中央服务器进行监测和分析。通过监测电流的变化,可以检测到电力系统中的过载、短路等故障情况,及时采取措施以防止事故的发生。

（3）电压传感器。用于监测电力系统中的电压变化。电压传感器可以安装在变电站、配电设备等位置，实时采集电压数据，并传输到中央服务器进行分析和监测。通过监测电压的变化，可以及时发现电力系统中的电压异常情况，如过高或过低的电压，以保障设备和系统的安全运行。

除了上述传感器，还可以使用其他监测设备，如振动传感器、压力传感器、湿度传感器等，根据实际需要采集不同的安全数据。这些传感器和监测设备应与网络连接，通过网络将采集到的数据传输到中央服务器进行集中管理和分析。中央服务器可以对数据进行实时监测、分析和存储，为电力工程提供重要的安全数据支持，帮助提前发现问题并采取相应的措施，以确保电力系统的安全运行。

5. 云服务集成

为了提高系统的可扩展性和灵活性，可以将一些功能和数据存储托管在云平台上。云平台提供了弹性资源调配和远程备份的能力，使得系统能够更好地应对不断增长的需求和突发情况。

通过将功能托管在云平台上，系统可以根据实际需要自动调整资源的分配，以满足不同的工作负载需求。例如，在监督高峰期间，系统可以自动增加计算和存储资源，以应对更大的数据处理需求；而在低峰期间，可以减少资源以节省成本。

此外，云平台还提供了远程备份和容灾功能，确保系统数据的安全性和可靠性。通过将数据存储在云平台上，系统可以实现自动的数据备份和灾备恢复，保障数据的完整性和可用性。即使发生硬件故障或自然灾害等情况，数据仍然可以通过云平台进行恢复，避免数据丢失和系统中断。

使用云平台的另一个好处是降低系统的维护和管理成本。云平台提供了基础设施和平台服务，包括服务器、网络、存储等，使得企业无须投入大量资金和精力来建设和维护自己的硬件和软件基础设施。同时，云平台还提供了监控、安全和自动化管理等功能，简化了系统的运维工作。

6. 数据分析和报告模块

系统应具备强大的数据分析和报告功能，以提供关键的安全指标和报告。这些功能模块应能够根据监督数据自动生成可视化的报告，并提供实时的警报和异常通知，以帮助安全监督人员迅速了解系统运行状态并采取相应的措施。

数据分析模块应具备数据挖掘和统计分析的能力，能够对大量的监督数据进行处理和分析，从中提取关键指标和趋势。通过使用数据挖掘算法和统计模型，系统能够识别出潜在的安全风险和异常情况，帮助监督人员及时采取措施预防事故发生。

报告功能模块应能够根据分析结果生成可视化的报告，以直观清晰的方式展示关键指标和趋势。这些报告可以包括图表、表格和文字说明，帮助监督人员快速了解系统的安全状态，并提供决策支持。报告还可以根据需要进行订制化，满足不同层级和角色的需求。

警报和异常通知功能模块应能够实时监测监督数据，并根据设定的阈值和规则触发警报和异常通知。一旦发现异常情况或超过预设的安全范围，系统应能够及时通知相关人员，包括安全监督人员、管理人员或其他关键人员。通知方式可以包括短信、邮件、手机应用程序等，以确保信息能够及时传达和处理。

在设计网络拓扑时，还应考虑网络的可靠性、容错性和安全性。冗余设备、备份链路、网络隔离、访问控制等措施可以帮助确保系统的稳定性和安全性。要根据具体的需求和实际情况进行网络拓扑设计，确保电力安全监督标准化管理系统能够高效运行、安全可靠地支持监督工作的进行。

（二）功能架构设计

1. 交互层

交互层是系统与用户之间进行信息交流和界面展示的层级。它包括用户界面设计和用户交互功能，旨在提供用户友好的界面，使用户能够方便地操作系统。交互层的主要功能包括以下方面：

（1）用户登录和身份验证。交互层需要提供用户登录功能，包括输入用户名和密码进行身份验证，并确保只有授权用户才能访问系统。可以采用密码加密和安全认证机制来保护用户的账户安全。

（2）界面设计和布局。交互层应设计直观清晰的用户界面，使用户能够快速了解系统功能和操作方式。界面布局要合理，信息呈现要清晰明了，采用符合用户习惯的界面元素和交互方式，提高用户的操作效率和体验。

（3）用户输入和操作响应。交互层需要处理用户的输入操作，包括接收和解析用户输入的数据、执行相应的操作，并根据用户的操作提供及时的反馈。例如，当用户点击按钮或提交表单时，交互层需要捕获并处理用户的操作，并做出相应的响应。

（4）数据展示和报表生成。交互层需要从逻辑层获取数据，并将数据以用户可理解的方式展示出来。这包括在界面上展示实时数据、历史数据、统计信息等，并支持生成报表和图表，方便用户进行数据分析和决策。

（5）提供系统帮助和支持。交互层应提供系统帮助和支持功能，以帮助用户解决问题和获得必要的指导。这可以包括在线帮助文档、常见问题解答、用户手册等，让用户能够随时获取系统相关信息并解决遇到的困惑。

通过以上功能的设计和实现，交互层可以为用户提供友好的界面和操作体验，使其能够方便地使用电力安全监督标准化管理系统，并有效地进行各项操作和数据管理。

2. 逻辑层

逻辑层是系统的核心，负责处理系统的业务逻辑和功能实现。它包括处理用户请求、协调各个模块之间的交互以及执行核心业务流程。逻辑层的主要功能包括以下五点：

（1）接收和处理用户请求。逻辑层负责接收来自交互层的用户请求，并对请求进行解析和验证。根据请求的类型和内容，逻辑层将请求转发给相应的模块进行处理，并确保请求的合法性和完整性。

（2）调用相关模块和服务。逻辑层协调系统中不同的模块和服务之间的交互。它根据业务需求调用相应的模块和服务，并传递必要的参数和数据，以实现系统功能的具体操作。这可能涉及数据库访问、外部接口调用、算法计算等。

（3）遵守业务规则和流程。逻辑层承载着系统的业务规则和流程的遵守。它根据系统定义的业务规则，对数据进行验证、计算和处理，确保系统的运行符合预期的逻辑和要求。逻辑层还负责处理复杂的业务逻辑，例如权限控制、审批流程等。

（4）数据处理和计算。逻辑层涉及对数据的处理和计算。它负责从数据层获取必要的数据，并进行处理、转换和计算，以满足用户需求。这包括数据的查询、筛选、排序、统计等操作，以及对数据的逻辑判断和运算。

（5）错误处理和异常处理。逻辑层需要处理系统中出现的错误和异常情况。它捕获和处理各种异常，包括数据验证失败、业务规则不符、系统错误等。逻辑层应该能够提供相应的错误提示和处理机制，以确保系统的稳定性和用户体验。

通过以上功能的设计和实现，逻辑层能够有效地处理用户请求、协调各个模块的交互，并遵守系统的业务规则和流程。它是系统的核心，确保系统的功能实现和业务逻辑的正确性。

3. 数据层

数据层是系统中用于存储和管理数据的层级。它负责数据的存储、检索和更新，以及与数据库的交互。数据层的主要功能包括以下五点：

（1）数据库设计和管理。数据层负责对系统所需的数据库进行设计和管理。它涉及数据库的结构设计、表的创建和维护、字段定义和索引设置等工作。数据层需要根据系统的需求，合理规划数据库的结构，确保数据的组织和存储满足系统的功能和性能要求。

（2）数据库连接和访问。数据层处理与数据库的连接和交互。它负责建立与数据库的连接，进行数据的读取、写入和更新操作。数据层需要管理数据库连接池，确保系统能够高效地与数据库通信，并处理并发访问的情况。

（3）数据的存储和检索。数据层负责数据的存储和检索功能。它将系统的数据按照定义的结构和关系存储到数据库中，包括新增数据、修改数据和删除数据等操作。同时，数据层也提供了查询接口，支持对数据库中存储的数据进行检索，以满足系统中各个模块和功能对数据的需求。

（4）数据的更新和删除。数据层负责对数据库中的数据进行更新和删除操作。它根据系统的需求，对数据库中的数据进行修改或删除，保证数据的准确性和完整性。数据层需要实现数据更新和删除的逻辑，并进行相应的数据验证和操作日志记录。

（5）数据的备份和恢复。数据层负责对数据库进行定期备份，以防止数据丢失或损坏。它需要制定备份策略和方案，并确保备份数据的完整性和可用性。在发生数据丢失或系统故障时，数据层需要支持数据的恢复操作，将备份数据恢复到系统中。

通过以上功能的设计和实现，数据层能够有效地管理系统的数据，提供稳定的数据存储和访问服务。它与交互层和逻辑层相互配合，实现电力安全监督标准化管理系统的功能需求，确保数据的安全性和可靠性。

二、系统交互设计

（一）跨平台数据交互功能设计

1. 项目、人员等静态数据的跨平台交互功能设计

（1）数据标准化和规范化。为了实现跨平台数据交互，首先要对项目、人员等静态数据进行标准化和规范化处理。这包括定义统一的数据格式、字段命名规范和数据字典，以确保不同平台之间的数据能够互相识别和解析。

（2）数据导入和导出功能。跨平台数据交互需要支持数据的导入和导出功能。系统应提供数据导入接口，允许从其他平台或文件中导入项目、人员等静态数据，并进行数据验证和清洗。同时，系统也应提供数据导出功能，将系统中的数据以标准格式导出，以供其他平台或系统使用。

（3）数据映射和转换。不同平台之间的数据结构和字段可能存在差异，因此要进行数据映射和转换。系统应提供灵活的数据映射功能，使用户能够定义不同平台之间数据字段的映射关系，确保数据能够准确地转换和同步。

（4）数据同步和更新。跨平台数据交互需要支持数据的同步和更新功能。系统应提供自动或手动的数据同步机制，保持不同平台之间数据的一致性。当项目、人员等静态数据

在一个平台上发生变化时，系统能够及时检测并将变动的数据同步到其他平台。

（5）数据安全和权限控制。在跨平台数据交互过程中，数据安全和权限控制是重要考虑因素。系统应设计合理的数据加密和传输机制，确保数据在跨平台交互过程中的安全性。同时，系统也应设置权限控制，限制用户对数据的访问和操作权限，以保护数据的机密性和完整性。

通过以上设计和实现，电力安全监督标准化管理系统能够实现项目、人员等静态数据的跨平台交互功能。这样的设计方案能够提高数据的共享和协作效率，使不同平台之间的数据交流更加便捷和准确，提升系统的整体性能和用户体验。

2. 项目安全通知公告数据的跨平台交互功能设计

（1）数据格式和协议。确保项目安全通知公告数据在跨平台交互过程中使用统一的数据格式和通信协议。常见的数据格式可以选择如 JSON 或 XML，并确保跨平台的兼容性和互操作性。此外，选择合适的通信协议，如 HTTP 或 HTTPS，以保证数据的安全传输。

（2）接口和 API 设计。设计统一的接口和 API，使不同平台间可以进行数据交互。这些接口应定义明确的数据格式和请求/响应规范，包括对项目安全通知公告的查询、创建、更新和删除等操作。接口设计要考虑易用性和灵活性，以满足不同平台的需求。

（3）身份验证和权限控制。在跨平台数据交互中，确保数据的安全性和可控性是至关重要的。设计合适的身份验证机制，例如基于令牌的身份验证，以确保只有授权的平台可以进行数据交互。同时，根据用户角色和权限进行权限控制，确保数据的访问和操作符合安全要求。

（4）异常处理和错误提示。在数据交互过程中，考虑到网络延迟、连接中断等情况，要设计有效的异常处理机制。当发生错误或异常时，系统应提供明确的错误提示和处理方法，使用户能够及时获得反馈和解决问题。

（5）日志记录和监控。为了跟踪数据交互的过程和状态，设计日志记录和监控机制。记录关键的交互信息，包括请求、响应、错误日志等，以便进行故障排查和系统性能优化。

（6）安全性和加密。考虑到项目安全通知公告数据的敏感性，设计合适的数据加密和安全传输机制。确保数据在传输过程中进行加密，并采取相应的安全措施，如 SSL 证书、防火墙等，保护数据的机密性和完整性。

通过以上的设计方面考虑，可以实现电力安全监督标准化管理系统中项目安全通知公告数据的跨平台交互功能。这将促进不同平台间的数据共享和协同工作，提高项目管理的效率和安全性。

（二）施工现场数据交互功能设计

1. 项目现场安全数据采集功能设计

在电力安全监督标准化管理系统中，施工现场数据交互功能和项目现场安全数据采集功能是至关重要的。

（1）施工现场数据交互功能设计。该功能旨在实现电力安全监督标准化管理系统与施工现场之间的数据交互。设计方面应考虑以下四点：

第一，数据采集方式。确定数据采集的方式，可以通过手动输入、传感器设备或其他自动化工具进行数据采集。

第二，数据传输和同步。设计数据传输和同步机制，确保施工现场采集到的数据能够及时传输到系统，并与系统中的数据进行同步更新。

第三，数据格式和标准。定义数据格式和标准，以便施工现场的数据能够被系统正确解析和处理。确保数据的准确性和一致性。

第四，安全性和权限控制。考虑数据的安全性和权限控制，确保只有授权人员能够访问和修改数据，防止数据泄露和篡改。

（2）项目现场安全数据采集功能设计。该功能旨在实现对项目现场安全数据的采集和管理。设计方面应考虑以下五点：

第一，数据采集项和指标。确定要采集的项目现场安全数据的具体项和指标，如人员数量、设备状态、安全事故记录等。

第二，采集界面和工具。设计用户友好的采集界面，方便现场工作人员输入和记录数据。可以通过移动终端设备、电子表格或专门的采集工具来实现。

第三，实时数据监测。提供实时数据监测功能，让相关人员可以随时查看项目现场的安全数据，及时发现异常情况并采取相应措施。

第四，数据分析和报告。对采集到的数据进行分析和统计，生成相关的数据报告和图表，为管理决策提供依据。

第五，数据存储和备份。确保项目现场安全数据的存储和备份，以防止数据丢失或损坏。

通过合理设计施工现场数据交互功能和项目现场安全数据采集功能，电力安全监督标准化管理系统能够实现与现场的有效信息交流和数据采集，提高项目安全管理的效率和准确性。

2. 项目安全实时预警数据下发功能设计

（1）用户界面设计。为了方便用户操作和管理安全预警数据的下发，要设计一个用户友好的界面。界面应具有清晰的布局和直观的操作方式，使用户能够轻松地进行数据下发操作。界面上应提供相关的输入字段和选项，以便用户输入和选择预警数据的相关信息。

（2）预警数据下发表单。要设计一个表单或界面，用于用户输入和编辑预警数据的详细信息。表单中应包含必填和选填字段，以及与预警数据相关的描述、分类、级别等选项。用户应能够根据实际情况填写预警数据，并选择需要下发的目标施工现场项目。

（3）目标项目选择和管理。为了实现数据下发功能，要提供一个项目选择和管理的界面。用户可以从已注册的施工现场项目列表中选择目标项目，也可以添加新的项目信息。在选择项目时，界面应提供筛选和搜索功能，以便用户快速找到目标项目。

（4）数据下发确认和发送。在用户完成预警数据的填写和目标项目的选择后，要设计一个确认和发送机制。用户应能够查看所填写的数据，并进行确认。确认后，系统会将预警数据发送到相应的施工现场项目，以便相关人员及时接收和处理。

（5）消息通知和提醒。为了确保预警数据能够及时被项目相关人员接收到，系统应提供消息通知和提醒功能。一旦数据被下发，系统会发送通知给目标项目的相关人员，以便他们能够及时查看和响应预警信息。

（6）数据记录和跟踪。为了方便管理和追踪已下发的预警数据，系统应提供相应的数据记录和跟踪功能。这包括记录下发时间、下发人员、接收人员等相关信息，以及预警数据的处理状态和反馈情况。管理员和相关人员可以随时查看和更新数据的状态。

通过以上的交互设计，电力安全监督标准化管理系统可以实现施工现场项目安全实时预警数据的下发功能，并提供方便的界面和操作方式，以确保预警数据能够及时、准确地传达给相关人员，并促使他们采取相应的安全措施。

3. 项目安全通知公告数据下发功能设计

（1）用户界面设计。为了方便用户操作，设计一个直观、简洁的用户界面。用户可以通过系统的菜单或按钮找到"项目安全通知公告"功能入口。界面应具有清晰的布局，包括相关筛选条件（如项目名称、时间范围等）和操作按钮。

（2）通知公告列表展示。在界面中显示项目安全通知公告的列表，包括通知公告的标题、发布时间等关键信息。列表应具有分页功能，方便用户浏览和查找特定通知公告。

（3）通知公告详情查看。用户可以点击列表中的通知公告标题，进入通知公告的详细内容页面。在该页面中展示通知公告的具体内容，包括文字、图片、附件等。同时，提供返回按钮，方便用户返回到通知公告列表页面。

（4）通知公告数据下发功能。设计一个下发功能，使用户能够将特定的项目安全通知公告下发给相关人员或施工现场。用户可以选择要下发的通知公告，指定接收人或接收组，并设置下发的时间。系统将根据用户的选择，将通知公告以消息、邮件或其他形式发送给指定的接收人或接收组。

（5）下发记录管理。系统应记录下发功能的操作记录，包括下发时间、接收人、下发状态等信息。用户可以查看和管理下发记录，了解通知公告的下发情况，以及对未成功下发的通知公告进行重新下发或其他操作。

通过以上设计方案，用户可以方便地浏览、查看和下发施工现场项目安全通知公告的数据。交互界面友好，操作简单明了，有助于提高用户的工作效率和系统的实用性。同时，下发功能的记录管理能够帮助用户进行管理和跟踪，确保通知公告及时准确地传达给相关人员。

三、系统功能模块设计

第一，工程安全信息查询模块。实现基于 GIS 电子地图的项目定位信息、基本信息的查看，项目人员的基本信息和安全信息等数据的查看，项目管告警信息的查看，领导检查到岗信息的查看等功能。可以将本系统采集汇总的项目安全实时管控的相关数据进行融合，并提供信息列表查看和数据的电子地图可视化定位查看。

第二，工程参建单位统计模块。实现按照项目建设单位、建立单位、施工单位和分包单位的分类查看及统计功能。可以帮助项目管理人员从总体上把握公司的输变电工程建设项目的概况，作为安全实时监控工作的辅助。

第三，工程黑名单管理模块。实现公司的输变电工程项目安全管控工作中的黑名单用户的添加、审批和查询功能。可以由各项目经理添加黑名单，再通过审批之后，正式将黑名单中的施工现场人员限定为黑名单人员。在该人员进入现场时，通过安全帽的定位信号，匹配黑名单，本系统自动下发违规进入现场告警信息，并通过安全帽播放违规警告语音。

第四，安全通知公告管理模块。实现输变电工程建设项目安全管理工作中的相关通知公告的创建、下发及查询功能。创建包括项目管理人员在本系统内部创建，以及从项目管理系统中接收两种方式。下发功能可以将通知公告直接下发至指定项目的指定人员，并通过安全帽播报通知公告语音。

（一）工程安全信息查询功能设计

1. 功能逻辑结构设计

在工程安全信息查询模块中，基于系统的数据交互服务机制，为安全管理人员提供工程安全相关信息的在线查询服务。

工程安全信息查询功能模块的内部逻辑结构相对较为简单，其背后的核心功能在于数据交互服务。其中的项目定位信息、项目基本信息、项目人员基本信息、领导检查到岗信息等数据，直接通过数据交互服务实现，而不需要通过数据库检索进行。

对于项目安全信息、项目告警信息等数据，由于这些数据是基于交互得到的信息进行内部逻辑处理之后得到，例如人员安全帽的定位信息、告警信息、安全通知公告信息等。并且保存在系统后台数据库中，通过数据查询服务，在数据库检索组件接口支持下，从后台数据库中检索得到上述工程项目的安全数据。

通过数据交互服务或数据库检索服务得到的目标数据，通过 Web 服务发布的方式，返回给项目安全管理人员。其中，针对项目的定位信息、报警信息等和地理信息关联的数据，本系统通过 GIS 服务功能组件，将其中的坐标信息进行映射，以在线 GIS 电子地图的形式进行可视化标记和展示。

2. Java 类结构设计

（1）管理类。主要实现对工程安全信息查询功能模块的 Web 服务调度处理。将项目安全管理人员提交的 Web 服务请求进行转发，利用内部功能服务接口进行对应的逻辑处理，其中的属性设置为本模块的 Action 活动类，并设置对应的 Action 类对象的逻辑方法调用接口。

（2）活动类。用于执行工程安全信息查询的后台服务逻辑。基于本模块的数据对象类，按照管理类下发的逻辑请求，进行对应的逻辑功能处理，即数据的获取，包括数据库持久化检索、数据交互服务的缓冲持久化读取等。其内部属性设置为本末的所有数据对象类成员，并且按照各数据对象类的内容，分别设置对应的数据检索方法。

（3）电子地图接口类。实现对工程安全信息 GIS 电子地图查看的辅助性功能。在其中通过加载 GIS 服务接口，创建电子地图，并将工程安全信息进行可视化展示。同时在其中提供电子地图的平移、缩放等图上操作接口。

（4）数据对象类。主要为本模块提供数据对象的持久化服务，包括后台数据库和数据交互缓冲的持久化为 Project Safety Data Query Action 类提供后台数据库的接口支持，其中包含了项目基本信息类、项目定位信息类、项目人员信息类、项目的领导到岗检查记录类、项目安全信息记录类以及项目告警数据类等。

在上述这些数据对象类结构中，主要按照工程安全信息查询的内容进行内部属性的设置。其方法接口可设置为 get 数据属性获取和 set 数据属性设置两个方面。

（二）工程参建单位统计功能设计

1. 功能逻辑结构设计

在工程参建单位统计功能模块中，主要基于数据交互服务获得的项目参建单位信息（包含在项目基本信息中），包括建设单位、监理单位、施工单位、分包单位等。为项目安全管理人员提供这些单位信息的在线检索和统计服务，帮助项目安全管理人员从总体角度把握各个项目的单位情况，从而对项目的安全管理工作提供决策辅助支持。例如黑名单的设置、安全通知公告的发布等，是本系统中的重要功能。

由于上述工程参建单位数据全部通过本系统的跨平台数据交互服务得到，而不需要通过数据库检索的方式得到，所以相对工程安全信息查询功能模块而言，其功能逻辑结构中不涉及和数据库检索相关的服务。而是在数据交互结果持久化检索的基础上，以统计服务组件的形式进行数据统计处理，同时提供基于 GIS 电子地图接口的工程项目选择。

对于工程参建单位统计功能模块的内部功能逻辑结构，在其中基于数据交互服务，通过工程项目参建单位统计服务，以持久化的方式从其缓冲中获取工程项目的参建单位信息，包括建设单位、监理单位、施工单位、分包单位等。并按照项目安全管理人员的统计请求对其进行统计处理，并封装为数据表格的形式，将统计结果返回展示。

对于待统计的工程项目选择，本系统中提供两种选择方式。第一种是直接通过项目检索的形式进行，按照项目安全管理人员的选择记载对应的参建单位数据；第二种方式是直接通过 GIS 电子地图的形式，在其中以地图要素选择的方式直接获取项目安全管理人员须统计的工程项目，并从数据交互服务的缓冲中获取项目参建单位数据，提交到统计服务中进行处理。

2. Java 类结构设计

在工程参建单位统计功能模块的 Java 类结构设计中，同样需要包含 GIS 服务接口功能类。并且按照其内部功能逻辑结构的分析，分别设置对应的管理类、活动类及数据对象类等。

（1）管理类。实现对工程参建单位统计管理的 Web 服务调度处理。按照项目安全管理人员选择或检索得到的工程项目信息，将对应的参建单位统计服务请求，转发到对应的活动类中进行处理，并对统计结果进行封装和范围。

（2）活动类。工程参建单位统计管理的后台服务功能类，主要用于对前台 Web 服务请求的功能响应，接收管理类的转发请求，在后台进行对应的统计服务处理，包括目标数据的检索及在线统计处理等。其内部方法包含了项目信息的检索，和项目的建设单位、监理单位、施工单位、分包单位的统计处理，以及统计结果的表格封装等。

（3）数据对象类。主要包含了 Project 工程项目基本信息类及其内部的工程项目参建单位对象类，例如建设单位信息类、监理单位信息类、施工单位信息类和分包单位信息类等。上述数据对象类主要为活动类提供工程项目参建单位信息的在线统计处理的数据支持。

（三）工程黑名单管理功能设计

1. 功能逻辑结构设计

工程黑名单管理功能模块中实现了对项目人员的黑名单添加及审批功能，通过黑名单机制对进入工程项目施工现场的人员进行检查。如果发现为黑名单人员，则通过数据交互功能服务进行对应的预警发送。

工程项目的黑名单数据保存在本系统的数据库中，在本模块中分别通过黑名单添加服务、黑名单审批服务和黑名单查询服务，为项目安全管理人员提供对应的黑名单管理服务支持。其中黑名单的审批由具有高级操作权限的项目安全管理人员进行处理，通常情况下为各个项目的主管人员等，黑名单的添加操作则由普通的项目安全管理人员进行处理。

2. Java 类结构设计

在工程黑名单管理功能模块的 Java 类结构设计中，主要基于黑名单管理的流程，即添加、申请提交和审批操作的逻辑关系，分别设置对应的功能类结构进行处理，并通过管理类实现 Web 服务调度。

（1）管理类。实现对工程黑名单管理功能模块的 Web 服务功能调度处理。将项目安全管理人员的黑名单添加、审核及查询服务进行后台 Web 服务转发，并将处理结果返回到客户端中进行展示。

（2）活动类。封装了工程黑名单管理的后台 Web 服务功能，实现对应的功能操作接口。其中的方法接口包含了项目人员的信息检索、黑名单添加、审批及对应的黑名单人员信息检索等。

（3）数据对象类。由于工程黑名单管理功能模块的目标数据全部保存在本系统数据库中，因此对其进行对应的数据对象类进行检索和更新处理，具体设置为 Project Black Staff，在其中记录被添加到黑名单的工程项目人员信息，为活动类提供数据的持久化服务支持。该类继承于 Project Staff 工程项目人员数据类，并通过内部的 Black List Flag 属性进行是否添加到黑名单的标记。

（四）安全通知公告管理功能设计

1. 功能逻辑结构设计

安全通知公告管理功能模块实现了向各个电力工程项目的安全通知公告信息的下发服务，其中包含了安全通知公告的创建、下发和查询等。针对从项目安全管理系统中获取到的安全通知公告，不需要在本系统中进行创建，而是直接通过现场数据交互服务进行下发。

工程项目安全通知公告下发的类型包含了语音发送和文件发送等。对于语音发送，直接将录制的通知语音进行现场播放；对于文件发送，则通过文件文本读取的方式，利用智能型安全帽的喇叭进行现场播放。

在安全通知公告管理功能模块的逻辑结构中，对于安全通知公告的创建，主要是指在本系统中创建的工程项目安全通知公告，利用创建服务，在后台数据库的支持下，将安全通知公告数据进行持久化保存。

对于本系统创建或从项目安全管理系统中得到的项目安全通知公告下发处理，主要利用现场数据交互服务，将这些安全通知公告信息进行现场下发处理。

所有的安全通知公告下发情况均需要在本系统中进行保存和管理维护。因此对园区通知公告信息的查询处理，则通过系统数据库持久化检索的方式，为项目安全管理人员提供在线查询服务。

2. Java 类结构设计

（1）管理类。实现对安全通知公告管理功能模块的 Web 服务功能调度处理，将安全通知公告的创建和检索等管理进行后台 Web 服务转发。同时实现对安全通知公告的在线下发处理，并将处理结果返回到客户端中进行展示。

（2）活动类。针对安全通知公告的创建、检索管理以及对系统交互服务接口的调用等功能进行封装，实现本模块的主要功能。其方法接口包含了安全通知公告数据的创建、查询以及下发、状态更新等。

（3）接口类。以 Java 接口的方式，对现场数据交互服务进行接口封装，为活动类提供对安全通知公告数据的现场下发服务。

（4）数据对象类。主要为安全通知公告管理中的创建、下发、查询功能提供数据的持久化检索服务。其中主要包含了安全通知公告数据类和项目数据类，可以实现安全通知公告数据的持久化更新、检索以及下发处理状态的更新等后台服务支持。

四、系统数据库设计

(一) 逻辑结构分析

电力安全监督标准化管理系统的数据库设计逻辑结构是关键的一步。它决定了系统能否有效地存储和管理监督数据，并支持系统的各项功能和需求。

1. 实体识别与关系建立

(1) 要明确系统中的实体，如电力企业、安全监督人员、设备、传感器等。对于每个实体，确定其属性，如电力企业的名称、地址等，安全监督人员的姓名、联系方式等。

(2) 确定实体之间的关系。如电力企业与安全监督人员之间的关系是一对多，一个电力企业可以有多个安全监督人员。

2. 数据表设计

根据实体和关系，设计相应的数据表来存储数据。每个数据表对应一个实体，表中的字段对应实体的属性。

例如，可以创建一个名为 "Electric Power Company" 的数据表，其中包含字段如 "Company ID" "Company Name" "Address" 等，用于存储电力企业的信息。

同样地，可以创建一个名为 "Safety Supervisor" 的数据表，包含字段如 "Supervisor ID" "Supervisor Name" "Contact Info" 等，用于存储安全监督人员的信息。

3. 关联表设计

在数据库设计中，有时要使用关联表来表示多对多的关系。例如，电力企业与设备之间的关系是多对多的，一个电力企业可以拥有多个设备，一个设备也可以属于多个电力企业。

可以创建一个名为 "Company Device" 的关联表，包含字段如 "Company ID" "Device ID" 等，用于记录电力企业和设备之间的关系。

4. 索引和约束

为了提高查询效率和数据的完整性，可以在数据库表中设置索引和约束。

索引可以加快查询操作的速度，特别是对经常用于查询的字段进行索引。

约束可以保证数据的完整性和一致性，如主键约束、唯一约束、外键约束等。

5. 数据库视图和存储过程

根据系统的需求，可以创建数据库视图和存储过程来实现特定的查询和操作。数据库视图可以简化复杂的查询操作，提供一个虚拟表来展示需要的数据。存储过程可以封装一系列的操作步骤，提供简单的接口供系统调用，实现复杂的业务逻辑。

（二）数据表设计

1. 告警数据表

告警数据表是电力安全监督标准化管理系统中的一个重要表，用于保存在监测到项目人员超出正常施工区域后所创建和发送的预警数据。告警数据表中保存了本系统在监测到项目人员超出正常的施工区域之后，创建和发送的预警数据。

（1）告警 ID。用于唯一标志每条告警数据的 ID。

（2）项目 ID。指示所属项目的 ID，用于关联告警数据与具体项目。

（3）施工人员 ID。指示触发告警的施工人员的 ID，用于标志是哪个人触发了告警。

（4）告警时间。记录告警数据创建的时间戳。

（5）告警类型。指示告警的类型，如超出施工区域、擅自操作等。

（6）告警描述。对告警的详细描述，包括具体触发告警的原因和情况。

（7）告警状态。记录告警的处理状态，如未处理、已处理等。

（8）处理人员 ID。指示处理该告警的人员的 ID，用于记录负责处理告警的人员。

（9）处理时间。记录告警的处理时间戳。

（10）备注。用于记录其他相关信息或备注。

通过告警数据表，系统可以记录并跟踪每个告警的详细信息，包括触发告警的人员、时间、类型以及后续处理的情况。这些数据可以用于安全管理人员进行分析和决策，以确保项目的安全和合规性。同时，可以根据系统需求进一步扩展和定制告警数据表的字段，以满足具体的业务需求。

2. 黑名单数据表

黑名单数据表是电力安全监督标准化管理系统中的另一个重要表，用于记录被添加到黑名单中的项目人员信息。

（1）项目人员 ID。用于唯一标志每个项目人员的 ID。

（2）姓名。记录项目人员的姓名。

（3）所属项目 ID。指示项目人员所属的项目 ID，用于关联项目人员与具体项目。

（4）添加时间。记录项目人员被添加到黑名单的时间戳。

（5）原因。记录项目人员被添加到黑名单的原因，如违规操作、安全记录不良等。

（6）备注。用于记录其他相关信息或备注。

通过黑名单数据表，系统可以记录所有被添加到黑名单的项目人员的信息，包括其姓名、所属项目和添加时间等。当系统进行施工区域监测时，如果检测到关联的项目人员位于黑名单中，则可以发布对应的告警数据，提醒安全管理人员采取相应的措施。这样可以及时发现潜在的安全风险，并防止黑名单人员进入施工区域，确保施工过程的安全性。

黑名单数据表的设计和维护对于电力安全监督标准化管理系统的安全管理至关重要。系统可以根据具体需求进行扩展和优化，以满足不同场景下的黑名单管理需求。

3. 通知公告数据表

通知公告数据表是电力安全监督标准化管理系统中用于保存通知公告信息的表格。它记录了系统或项目安全管理团队向各个施工现场下发的安全通知公告，以便及时传达重要的安全信息给相关人员。

（1）公告 ID。用于唯一标志每条通知公告的 ID。

（2）标题。记录通知公告的标题，用于简洁地描述公告内容。

（3）内容。保存通知公告的详细内容，包括相关的安全提示、指示或要求等。

（4）发布时间。记录通知公告发布的时间戳。

（5）发布人。记录通知公告的发布人，可以是系统管理员或项目安全管理团队成员。

（6）有效期。指示通知公告的有效期限，以确保公告的时效性。

（7）目标施工现场。记录通知公告的目标施工现场或项目，指明该公告适用于哪些地点或团队。

（8）状态。记录通知公告的状态，如已发布、已过期、已撤销等。

通过通知公告数据表，系统可以有效地管理和追踪安全通知公告的发布情况。管理员或项目安全管理团队可以根据需要创建并发布通知公告，确保相关人员及时了解并遵守安全要求。同时，系统可以根据通知公告的有效期限进行自动过期处理，保持公告信息的及时性和准确性。

通知公告数据表的设计应考虑到系统的扩展性和灵活性，以满足不同类型的通知公告需求。系统管理员或安全管理团队可以根据实际情况对通知公告进行管理、修改或删除，以保证安全信息的及时传达和有效性。

第六章　电力安全管理中技术的应用创新

第一节　电力安全管理中的风险管理的应用

一、全面安全管理

全面安全管理是一种将系统安全管理与传统安全管理结合起来的综合管理方法。它由全面质量管理演变而来，实际上，不仅是产品，任何一种工作或系统都存在着质量问题，都可以运用 TQC 的原理和方法来提高其工作质量。将 TQC 的原理和方法应用于安全管理之中，就成为全面安全管理（TSC）。TSC 虽然来源于 TQC，但在应用的过程中又接受了系统工程的观点和方法，有了新的发展。其基本思路是以系统整体性原理为依据，以目标优化原则为核心，以安全决策为主要手段，将安全生产过程乃至企业的全部工作看作一个整体，进行统筹安排和协调整合的全面管理。

（一）全面安全管理的概念

1. 全员安全管理

全员安全管理是指上至企业领导，下至每一个职工，人人参与安全管理，人人关心安全、注意安全，在各自的职责范围内做好安全工作。安全不仅要靠专职安全人员来保持，更要增强到全体人员的安全意识和责任感，靠全体人员来保证。即安全工作要走群众路线，更要增强全体人员的安全意识和责任感，靠全体人员来保证，真正做到"安全工作，人人有责"。

2. 全过程安全管理

全过程安全管理，即对每项工作、每种工艺、每个工程项目的每一个步骤，自始至终地抓好安全管理。对我们电网企业而言，就是要从设计审查、规划、设备选型、基建、施工直至生产运行和检修，进行全过程的安全管理。因此，所谓全过程的安全管理，就是贯穿各项工作始终，形成纵向一条线的安全管理方式。

3. 全方位的安全管理

全方位的安全管理，指对系统的各个要素，从时间到地点，乃至操作方式等方面的安全问题，进行全面分析、全面辨识、全面评价、全面防护，做到疏而不漏，保证安全生产。由此可见，全方位的安全管理，就是遍及企业各个角落横向铺开的一种管理方式。

由"全员""全过程""全方位"三个方面的安全管理形式，编织成一张纵横交错的安全管理网络，囊括企业所有的安全管理工作内容，形成一个完整的安全管理系统。因此全面安全管理是企业搞好安全生产的最基本、最有效的组织管理方法之一。

（二）全面安全管理的特点

1. 以预防事故为中心，进行预先安全分析与评价

TSC 要求预先对生产系统中固有的和潜在的危险源进行综合分析、判断与测定，进而采取有效的方法、手段和行动，控制及消除危险源，防止事故发生。

2. 从提高设备的可靠性入手，把安全性与生产稳定性统一起来

所谓可靠性是指系统在规定的时间和条件下，完成规定功能的能力。从安全角度来讲，可靠性亦是安全性。在分析及排除系统内各个因素的缺陷及可能导致灾害的危险时，应使系统在效能、费用和使用时间上综合达到最佳安全状态。这种将可靠性、安全性和生产稳定性三者结合起来进行投资的方式，比单纯地为提高安全性进行的投资，能获得更高的效益，从而更易于达到安全与生产的协调，安全与经济效益的统一。

3. 重视人的因素，增强人的安全意识

从人机关系上来看，要提高人机系统的可靠性，必须重视人的可靠性。因此，引进行为科学的理论和方法，重视人的安全教育，不断增强人的安全意识和责任感，也是 TSC 的重要内容之一。

4. 调整安全管理结构

TSC 把整个安全生产过程看成一个运行着的系统，系统的整体性是通过其结构和功能中介来体现的。相对"结构"而言，"功能"是一个比较活跃的因素，在系统内外相互作用的过程之中，"功能"会不断发生变化，并对"结构"产生一定的影响，甚至引起结构部分或全部的改变。如"结构"已影响到"功能"的发挥，就应调整原有结构。

全面安全质量管理十分重视安全生产与其他各项工作的有机联系。注重从定性向定量

的转变，强调用数字说话，要求从孤立、静止、被动的管理方式向多元、动态、积极的管理方式转变。这就要通过安全管理结构的调整，来发挥新的功能。电力企业逐渐通过建立职业安全卫生管理体系，借助安全生产保证与监督体系的运转来协调与整合各个部门、各个环节，形成完整的安全管理网络。

二、安全目标管理

所谓目标管理（MBO）是指企业的目的和任务，必须转化成目标；企业管理人员必须以目标来衡量下属人员的不同贡献，借以激励其完成企业的总目标。

（一）目标管理的概念

根据既有的理论研究及实践经验，目标管理的概念可表述为：以重视成果的管理思想为基础，以有效实现组织总目标为中心，由成果的生产者，包括主管人员和下属共同参与制定一定时间内每个人必须实现的各项工作目标，明确相应的责任和职权；每个人朝着这些目标，自觉工作、自我控制，并定期进行考核和评价，实行反馈的一种管理制度。由此可见，目标管理包含下列四层含义：

第一，目标的制定与分解以组织总目标为依据。

第二，各工作目标由上下级共同商定。

第三，各工作目标也是单位和个人绩效考评的依据。

第四，提倡自我管理、自我控制。

（二）目标管理的实质

目标管理的假设前提是，在目标明确的条件下，人们能够对自己负责。在具体方法上则是泰勒科学管理的进一步发展。

1. 重视人的因素

目标管理是一种参与的、民主的、自我控制的管理制度，也是一种把个人需求与组织目标结合起来的管理制度。目标管理使实现组织的目标成为员工的个人动机，使员工能发现工作的兴趣和价值，在享受工作的满足感和成就感的同时完成组织目标。在这种制度下，上级对下级的关系是平等、尊重、依赖和支持，下级在承诺目标和被授权之后是自觉、自主和自治的。

2. 建立目标锁链与目标体系

总目标确立之后，要形成一个有层次的目标锁链与目标体系。主要目标与分目标，各部分目标之间要相互配合、方向一致。每个人的分目标就是组织总目标对他的要求，也是员工对总目标的贡献。只有每个人都完成了自己的分目标，组织的总目标才有完成的希望。

（三）企业安全目标管理

企业实行安全目标管理，就是把一定时期内应该完成的安全指标任务，作为目标分解到企业各部门，直至班组和个人，各部门要按照所订目标进行工作，管理人员围绕自己的目标值和下级目标值进行管理。因此，就管理过程而言，安全目标管理包括设计目标体系、制定实现目标值的控制方法和措施、确定达到目标的测定和评价方法并定期检查目标执行情况等部分。

（四）安全管理目标体系

设定安全总目标，是安全目标管理的第一个阶段，也是安全目标管理的核心。总目标设定是否合适，关系到安全目标管理的成败，影响着职工参与管理的积极性，这是一个十分重要的环节。

1. 目标设定的依据

（1）国家与上级主管部门的安全工作方针、政策及下达的安全指标。

（2）本系统、本企业的中、长期安全工作规划。

（3）工伤事故和职业病统计资料和数据。

（4）企业安全工作及劳动条件的现状及主要问题。

（5）企业的经济条件及技术条件。

2. 目标设定的原则

（1）可行性。应该充分认识到达到目标的有利条件和充分估计困难，目标水平不宜过低，也不宜过高，要经过一定的努力才能达到。太低，目标无刺激性，职工的潜力不能充分发挥；太高，虽经再三努力却无法实现，徒伤员工的积极性。

（2）可比性。安全目标应该是明确的计量目标。也就是说，目标应尽量具体化、定量化、数据化。对于难以量化的目标，也应尽量规定形象对比目标，如与国内外同类企业相比应做到什么等。这样做，便于控制、检查和评比。

（3）系统性。应从企业内部上下左右之间的内在联系与分工协作关系上全面考虑，综合平衡，使目标环环相扣、相互呼应，充分体现目标的可分性及系统组合性。

（4）明确性。目标应具体明确，措辞应精练、明了、富于感召力，便于理解和记忆。目标数目不宜过多，要突出重点，主攻方向明确；目标期限应适宜。

3. 安全目标的内容

对安全系统来说，它的总目标应该是"工伤事故和设备事故为零"。但限于管理水平、技术水平、人员素质水平以及事故的一些非统计性因素，事实上不可能为零，这只能是我们在相当长时间内努力追求的目标。为了切实做到事故趋于零的长远目标，必须面对严酷的现实，根据人力、物力、财力及管理水平，在各年度制定一个逐步减少事故、切实可行的目标值。安全系统所选定的控制目标可以是企业的工伤死亡率、千人负伤率、死亡人数、工伤人数、重大事故次数、隐患整改率、设备完好率、全员安全教育面及特殊工种人员培训合格率等相对指标或绝对指标。

4. 目标决策

确定安全目标，实际上是一个完整的决策过程，绝非指拍板定案的瞬间，而是指制定目标前后所须进行的大量的具体工作的过程。包括分析、预测、模拟、论证、定案等一系列步骤，往往是一个反复优化，逐步完善的过程。目标决策过程中主要步骤有以下四步：

（1）掌握情报信息。全面收集、掌握企业的外部资料和内部资料。如国家方针、政策、法规，上级部门下达的安全指标，同行业各企业的安全生产状况，本企业管理水平、人员素质、设备状况、安全生产现状及存在的问题，历年的事故统计资料等。

（2）拟订目标方案。在充分地分析及整理情报信息基础上，提出若干个目标方案。

（3）评估目标方案。即对目标进行可行性论证，这是决策的关键环节。一般采用专家意见与群众讨论相结合的方式，对拟订的多个目标方案逐一就限制因素（如经济条件、技术条件、人员素质、安全水平等）、综合效益、潜在的问题等方面广泛地征集意见，进行研究、分析、评价和估算。

（4）选择最优方案。在评估目标方案的基础上，用定性分析与定量分析相结合的方式，对众多方案中选出最优者。这一环节应全面权衡方案的利弊得失，有时还要在综合原拟方案的基础上设立新方案。

（五）目标展开与实施

1. 目标展开

安全总目标设定之后，要按层次逐级地科学地向下分解落实，使上下目标明确化、具体化，上下左右的关系协调化。使每个部门及每个人都明确本部门及本人在目标体系中所处的地位和作用，强调自主管理。当各部门及个人实现了各自的分目标时，也就圆满地完成了总目标。

2. 目标实施

实施目标应与经济挂钩，每个分目标都要有具体的保证措施、责任承担者及相应的权重系数。一般保证措施由下级站在本部门的立场上，根据本部门的现状，按部门、设备、环境工种、人员等进行展开，找出实现本部门目标的问题点，然后采取措施制订本部门的活动计划，以确保目标的实现。只有下级的保证措施做好了，分目标实现了，才有可能实现总目标。因此，目标是由上而下的层层分解，保证措施是由下而上的层层保证。

实施目标管理有一整套管理控制方法，其要点是实行自主管理与自行控制，充分放权，使每个人都能发挥自己的积极性、创造性。至于实施保证措施，应允许个人确定，不必强求一致。领导主要起宏观控制作用，注意协调，防止相互干扰。

（六）目标成果考核与评价

这一阶段的重点是安全目标成果评价。其目的是检查目标管理执行情况，总结经验，找出不足之处，作为制定下期目标的依据。而搞好成果评价工作的关键是必须坚持注重成果、强调功效的原则，把成果评价与经济考核结合起来，作为集体或个人受到奖惩、评选先进的依据，并切实兑现，使安全目标管理具有持久性和严肃性。

安全目标管理的三个阶段，目标制定、目标实施、成果考核与评价是相互联系、相互制约的。制定目标是进行目标管理的基础和前提，目标制定得不合理，各方面的工作做得再好也无济于事；但若制定了合理的目标，而不加以实施，等于一张白纸；完成目标后不加以考核和评价，就难以分出优劣，考核却不奖罚，就很难调动员工的积极性，考核也将等于零，最终不能使安全目标很好地、持久地执行下去。

三、事故预防方法

（一）事故预防原理

能量转移理论认为，人受伤害的原因是某种能量向人体的转移，事故是一种能量的不正常或不期望的释放。根据这个观点，预防事故的关键是探索出生产现场能量体系中潜在的危险，找出发生事故可能性最大的因素，防止能量的不正常释放。

生产中具有破坏性的常见能量形式有势能、动能、热能、电能、化学能及原子能等。在实际生活中要完全防止能量的转移是十分困难的，因此必须考虑防护能量逆流于人体的措施。

在一定条件下，能量造成的伤害程度取决于以下四条：

第一，接触能量的大小。

第二，接触时间和频率。

第三，能量的集中程度。

第四，屏障的功能与及时性。

据此，提出的预防对策包括：①限制量值，防止能量蓄积；②控制或延缓能量释放；③采用自动化装置；④设置屏障；⑤提高防护系统的标准，以防止损失扩大。

（二）事故预防原则

1. 可能预防原则

一般说来，自然灾害和工业事故是不同的。自然灾害是一种很难防止的灾害。如我国南方的水灾、北方的旱灾，所谓抗旱防汛，只能将灾情所造成的损失，尽可能地降低最低限度，无法从根本上防止这种灾害不发生。而工业事故，从理论上来讲，是可以预防的。在这里必须注意两个概念，即事故与后果。事故发生之后是否造成人的伤害或物的损失，即事故的后果具有偶然性，是符合某种概率规律的，但事故本身必有原因。如果能找到原因并予以排除，就能使事故不发生，达到防患于未然的目的。

由于种种原因，人们很难使工业事故完全不发生。比如一种新物质的启用，由于对其危害性和有毒性尚未完全认识，对其显示危害的特性也不完全了解，限于知识和经验，这种物质所引发的事故就难以预测。一旦我们追寻事故所发生的原因，尽管很困难但可以解释其原因时，这种物质就不再神秘，所引起的事故也是可以预防的了。因此，事故并不是不可抗拒，而是可以预防的；但预防事故的对策是建立在安全信息反馈统计分析的基础之上的。没有这个坚实的基础，要防患于未然就是一句空话。

2. 多因素原则

每一起事故的发生，都有多个因素在起作用。事故与后果之间的关系虽然具有偶然性的一面，但是事故及其原因之间又有必然的因果关系。如基础原因—间接原因—直接原因—事故。事故是上述各因素共同作用的结果。

在目前的事故调查中，一般只分析了造成事故的直接原因或主要原因，所采取的预防对策也往往是针对直接原因而言的，很少考虑管理缺陷等间接原因及造成间接原因的基础原因，导致采取的预防措施常常无效，事故隐患难以根除。这是因为直接原因几乎很少是事故的根本原因，消除了直接原因，只要还存在间接原因和基础原因，就还有再触发直接原因而形成事故的可能性。因此，预防事故必须消灭间接原因和基础原因，其次才是加强防护系统和使用个体劳动保护用品。前者是为了防止事故，后者则是为了把事故所造成的损失控制在一定的范围之内。从预防事故的角度出发，必须致力于事故多因素的研究，探求消除基础原因及间接原因的方法，建立从根本上消灭事故的预防措施。

3. 危险因素预防原则

（1）消除潜在危险的原则。这一原则的实质是根据本质安全化的思想，从根本上消除事故隐患，排除危险。这是理想的、主动的事故预防措施。

（2）降低潜在危害因素数值的原则。在无法彻底消除危害因素的条件下，最大限度地限制和减小危险程度。

（3）防护潜在危险的原则。在既无法彻底根除，又无法降低危害程度的情况下，采用各种各样的防护措施来保护人的安全。

（三）预防事故的安全技术

1. 根除和限制危险因素

欲根除或限制危险因素，必须先识别危险因素，评价其危险性，然后才能有效地采取措施。另外还应注意，有时采取某种安全技术可以根除或限制一种危险因素，却又带来另外一种危险因素。例如，用压气系统代替电力系统，可避免电气事故，但压气系统蓄积的能量本身就潜伏着危机。

2. 隔离与屏蔽

隔离是常用的安全技术措施。一般地，一旦判明有危险因素存在，就设法把它隔离起来。

对电力设备安装防护装置，或封闭起来是广泛采用的隔离技术。常见的隔离措施有：封闭电器的接头，防止潮湿和其他有害物质的影响；利用防护罩、防护网、防护栅防止外界物质进入，也把人与危险区隔开；等等。

3. 故障-安全设计

在系统或设备的某部分发生故障或破坏的情况下，在一定时间内也能保证安全的安全技术措施称为故障-安全设计（Fail-safe）。这是一种通过技术设计手段，使系统或设备在发生故障时处于低能量状态，防止能量意外释放的措施。

4. 减少故障及失误

设备故障在事故致因中占有重要位置。虽然利用故障安全设计可以使得即使发生了故障也不至于引起事故，但是故障使设备、系统停顿或降低效率。另外，故障-安全机构本身也有可能发生故障而使其失去效用。因此，应努力减少故障。一般而言，减少故障可以通过三条途径实现：安全监控系统，安全系数或安全阀，增加可靠性。

5. 警告

在生产过程中人们需要经常注意到危险因素的存在，以及一些必须注意的问题。警告是提醒人们注意的主要方法。提醒人们注意的各种信息都是通过人的感官传递给大脑的，因此根据所利用的感官不同，警告可分为视觉警告、听觉警告、嗅觉警告、触觉警告、味觉警告等。

（四）避免或减少事故损失的安全技术

事故发生后如果不能迅速控制局面，则事故规模可能进一步扩大，甚至引起二次事故。因此，在事故发生之前就应考虑到采取避免或减少事故损失的技术措施。避免或减少事故损失的安全技术包括隔离、个体防护、接受微小损失、避难及救护等。

1. 隔离

隔离除了作为一种预防事故的措施被广泛应用外，也是一种在能量剧烈释放时减少损失的有效措施。隔离措施可以分为缓冲、远离和封闭三种。

（1）缓冲。缓冲可以吸收能量，减轻能量的破坏作用。例如，安全帽可以吸收冲击能量，防止人员头部受伤。

（2）远离。把可能发生事故，释放出大量能量或危险物质的工艺、设备或设施布置在远离人群或有保护屏障的地方。

（3）封闭。利用封闭措施可以控制事故造成的危险局面，防止事态扩大，为人员、物质和设施提供保护。

2. 个体防护

人员佩戴的个体防护用品是一种重要的隔离措施，旨在将人体与危险环境有效地隔离开来，以保护人员免受潜在危害和伤害。

（1）头部防护。如安全帽、头盔等，用于保护头部免受坠落物、碰撞、飞溅物等的伤害。

（2）眼部防护。如安全眼镜、护目镜、面罩等，用于防止化学品飞溅、灰尘、颗粒物、光辐射等对眼睛造成损伤。

（3）呼吸道防护。如防尘口罩、防毒面具、呼吸阀等，用于阻挡空气中的有害颗粒、气体、蒸汽、烟雾等，保护呼吸道健康。

（4）手部防护。如手套、手臂套等，用于保护手部免受化学品、尖锐物、高温等伤害。

（5）身体防护。如防护服、隔热服等，用于隔离有害物质、高温、辐射等对皮肤和身体的伤害。

（6）脚部防护。如安全鞋、防静电鞋、防滑鞋等，用于保护脚部免受压力、化学品、电击、滑倒等的伤害。

个体防护用品的使用可以有效减少事故和职业病的发生，保护工作者的健康和安全。在危险环境中，正确佩戴和使用个体防护用品可以有效隔离有害物质、能量和环境因素，降低工作风险，提高工作效率和生产质量。因此，个体防护用品在各行各业中都扮演着重要的角色，确保工作者能够安全、健康地从事工作。

3. 接受微小损失

利用薄弱环节的设计来实现能量释放是一种常见的防护策略，其目的是在发生异常情况时以微小的损失来达到防护的效果。一个典型的例子是电力系统回路中的熔断器。

熔断器是一种电气设备，被设计为在电路中的电流超过安全范围时迅速断开电路，以保护电力系统和设备免受过载或短路等异常情况的损害。它通过在电流超过额定值时，利用薄弱环节（通常是金属丝或熔丝）的设计，使其瞬间熔断，切断电流的流动。

当电力系统中的电流异常增大时，熔断器中的熔丝会受到电流的瞬时加热作用，温度迅速升高，直到达到熔点，熔丝会熔断，切断电路，阻止过大电流的继续流动。这种设计能够将电能转化为熔丝的热能，以微小的损失实现对电路和设备的保护。

熔断器在电力系统中起到了重要的防护作用。当电路发生过载或短路时，熔断器能够迅速切断电流，防止电线、电缆和设备因过载而受损，减少火灾和电击等安全风险。熔断器的设计使得它能够在保护电路的同时，自身受到损坏，需要更换或修复，从而保护了更贵重的设备和电力系统。

通过利用薄弱环节的设计，熔断器成功地实现了能量释放和防护的目的。这种设计思路在其他领域的防护装置和系统中也得到了广泛应用，以保护设备、人员和环境的安全。它强调了在设计防护装置时，要充分考虑薄弱环节的作用，使其在合适的条件下能够实现快速、有效的能量释放和防护效果。

4. 避难与援救

在事故发生后，尽管应该努力采取措施来控制事态的发展，但有时候事态可能已经发展到不可控制的地步。在这种情况下，必须立即采取行动，迅速避难并撤离危险区，以确保人身安全和生命的保护。

（1）保持冷静和警觉。在事故发生时，保持冷静至关重要。尽量不要惊慌失措，保持警觉并注意周围的情况。

（2）寻找安全位置。尽快寻找并移动到安全的位置。这可能是事故现场之外的地方，远离火灾、爆炸、毒气泄漏或其他危险源。

（3）遵循撤离指示。如果有撤离指示或应急预案，务必按照指示行动。遵循指定的撤离路线和安全出口，避免使用电梯，而是选择楼梯进行撤离。

（4）帮助他人。如果可能，帮助其他需要帮助的人员，尤其是年幼者、老年人或有特殊需求的人。

（5）不返回危险区。一旦你安全撤离到指定的安全区域，不要试图返回危险区。等待救援人员的指示和帮助。

（6）注意自身保护。在撤离过程中，保护好自己，尽量避免暴露在危险的环境中。如果可能，佩戴适当的个体防护用品，如防护面具、手套等。

（7）寻求帮助。一旦安全撤离到远离危险的地方，及时寻求帮助。拨打紧急电话号码报警，并向救援人员提供准确的信息和现场情况。

避难和撤离是在危险情况下保护自身和他人安全的重要措施。在紧急情况下，我们必须迅速行动，冷静应对，并根据现场情况做出适当的决策。遵循指示和采取适当的预防措施，将最大限度地减少潜在风险，并确保人身安全。

第二节　电力安全管理中信息化技术的应用

一、电力安全隐患分析

要保证电力系统稳定运行，首先，要求神经中枢高效运行并调整电力系统；其次，还要与先进信息化技术合理整合运用。电网系统的安全性和可靠性，是衡量电力安全生产水平的主要标准，电力企业也采取了很多安全防护技术以及管理方法，但即使如此，还是会发生各类电力设备的安全事故。那么在分析问题之后，就要对电力生产中设备安全问题发生的原因进行分析，以此来对症下药，提高改善办法的实效性。

我国电网铺设存在的安全隐患，主要是因为电力企业都采用高一级的电压与全国电联网。因此，当解环各地的低级电压时，电压等级之间的过渡就会带来较大的安全隐患，而全国电联网则会使得电网之间容易出现低频振荡的问题。

二、信息化技术在设备维护中的重要性

传统的人工记录方式在设备状态记录和信息管理方面存在许多不便之处。而信息化技术的应用可以解决这些问题，并提升电力系统的安全稳定性。"信息化技术的不断发展为

电力安全管理工作提供了重要的保障。"①

首先，信息化技术将设备的各种数值状态记录在数字档案中，使得信息更加集中、便捷和可靠。过去的纸张记录或人工输入在查找和整理信息时往往耗时费力，而现在通过信息化技术，所有的信息都可以被准确记录、存储和检索，包括历史数据。这样，相关人员可以快速获取所需信息，提高工作效率。

其次，信息化技术在检修维护方面具有自动化的优势。一旦设置好检修维护准则和设备要求数值，信息化系统可以自动进行检查和对比，快速显示出有故障的设备列表。这大大提高了故障检测和排查的效率，节省了人力资源，并及时采取必要的维修措施，以确保设备的正常运行和电力系统的安全性。

最后，信息化技术通过大数据查找和分析，能够提供最优的建议。系统可以根据历史数据和实时监测结果，运用算法和模型分析，找出设备运行的异常情况、潜在故障点和优化方案。这些数据分析和建议可以帮助决策者做出科学合理的决策，以提高电力系统的安全性和稳定性。

总体而言，信息化技术在电力系统管理中的应用，可以提供便捷的信息管理、自动化的检修维护和科学化的数据分析，从而有效提高电力的安全稳定性。这种技术的应用符合国家要求和规范，能够快速响应和适应不断变化的电力需求和环境要求。

三、信息化技术强化标准化作业和检修过程全控制

在电力安全管理中，作业现场实施标准化作业是一个关键环节，其内容涵盖相关安全生产工艺、技术应用和生产质量。要求严格按照客观的安全生产法进行标准化作业，这是合理制定作业工艺标准的重要依据。它总是执行实际情况，并在过程标准化建设和过程控制的转变中发挥积极作用。标准化作业指导是展开标准化作业的重要前提，它对要实施的各项任务有明确的规定，具有一定的针对性。在编制作业指导书时，如果仅仅依据员工的技能和工作经验，参照模型，很难满足需求。其效率低、可行性不强，导致整个工作过程缺乏规范性。电力企业安全生产标准化存在诸多障碍。在分析这一问题的基础上，为真正实现规范化运行，电力企业多个管理绘图团队大力开发和实施了"智能化规范化运行指导管理系统"。通过该系统的应用，可以实现科学规范的标准作业指导书的自动生成。

四、信息化技术在设备状态检修中应用

信息化技术在设备状态检修中的应用可以提供更高效、准确和可靠的检修管理，提升

①张恩泽. 信息化技术在电力安全管理工作中的应用研究 [J] . 科学与信息化，2022（15）：195.

设备的运行效率和可靠性。

第一，数据采集与监测。通过传感器、监测设备等实时采集设备的各项参数、状态和性能数据。这些数据可以包括温度、压力、振动、电流、电压等关键指标，用于实时监测设备的工作状态和健康状况。

第二，数据分析与故障诊断。通过信息化技术，对大量的设备状态数据进行分析和处理。利用数据挖掘、机器学习等算法和模型，可以实现对设备运行状态的预测、异常检测和故障诊断。这有助于及早发现潜在问题和故障，提前采取维修措施，避免设备故障造成的损失。

第三，维修计划与调度。信息化技术可以根据设备状态数据、维修历史和规定的维修计划，智能生成合理的维修计划和调度安排。这可以优化维修资源的利用，减少设备停机时间，并确保维修工作按时进行。

第四，远程监控与远程操作。通过网络连接和远程控制技术，可以实现对设备的远程监控和操作。运维人员可以通过远程终端实时监视设备状态，进行参数调整和操作控制，避免了人工现场操作的限制和风险。

第五，历史记录与知识管理。信息化技术可以将设备状态数据、维修记录等信息进行存储和管理，建立完善的历史数据库和知识库。这有助于积累经验和知识，提供参考和借鉴，支持设备状态检修的持续改进和知识传承。

五、信息化技术下电企人才的培养

科学技术的发展带来了电企的高效发展，由此带来的维护任务也越发繁重，以往的电工数量已经不能满足电力维修任务，各个电企的维修电工急剧短缺。但是电力维修工作又需要经验丰富的电工，以往的电力工作者都是集中培训或者师父带徒弟式的实际操作中进行的，需要积累大量的经验，在当前人才短缺的情况下是没有办法做到的。如何在短期内建设人才队伍，解决目前维护任务的繁重成为各大电企亟须解决的问题。基于上述情况，催生了新的学习手段：网络学习。该方法的主要步骤是，在负责人完成维修任务后，在工作记录的"处理明细"栏中，及时将事故发现、处理过程、注意事项、是否存在遗留问题等信息录入系统。久而久之，随着大量信息的录入，知识库也日渐庞大。很多缺乏实践经验的维修工程师不仅可以从知识库中学习，还可以在执行具体维修任务之前随时登录系统。由此可见，这种方式极大地加速了电企人才的培养。

随着科学技术的发展，电力对我们来说已经是生活的必备品了，所以，电力安全就变得尤为重要。信息化技术的出现给电力安全带来了保障，它不仅节省了人力，而且使得电力工作变得更加标准化、规范化。电力企业应积极运用信息化技术于电力工作中，继续给人类带来福祉，给人民用电带来方便。

第三节　电力安全管理中物联网技术的应用

电力是国民经济的基础产业，推动着社会经济不断向前发展。而安全是电力产业生存与发展的基础，并且安全问题一直备受国民关注。安全是一切活动的基础与前提，任何活动的展开都必须以安全为基础。而电力是国民经济的基础性产业，电力安全的重要性可想而知，电力企业必须高度重视安全管理，通过采取切实可行的防范措施，最大限度地消除安全隐患。近几年随着物联网技术的快速发展，智能电网系统正在不断建立。物联网的相关技术和产品可以广泛应用在电力系统中的发、输、变、配、用等环节，在多方面发挥巨大的功能和作用，能够给国家带来巨大的经济效益。

一、物联网的概念

作为中国五大新兴战略性产业之一，物联网备受关注，其潜力和影响力向未知领域延伸。物联网，简称 IoT（Internet of Things），是一种以互联网为基础和核心的网络，通过普适计算、智能感知和识别技术，不断扩展和延伸应用于各个领域。

物联网具有全面感知信息、可靠传递信息和智能处理信息的功能特征，旨在实现对物体的智能化控制和管理。它广泛应用于电网、公路、铁路、建筑等领域，使人类的生产和生活达到智能化的状态，改善了资源利用效率，改善了人与环境之间的关系。

在电网领域，物联网可以实现对电力设备的实时监测和管理，提高电网的运行效率和可靠性。通过物联网技术，可以对电力设备进行全面感知，收集关键数据，实现设备状态的实时监测和故障预警，以便及时采取维修和保护措施，确保电网的稳定运行。

在公路和铁路领域，物联网可以应用于智能交通系统，实现对交通流量、车辆状态和道路环境的实时监测和管理。通过物联网的技术手段，可以收集交通信息并进行智能处理，提供实时的交通状况和路况预警，为交通管理和出行提供更加高效和安全的服务。

在建筑领域，物联网可以应用于智能建筑管理系统，实现对建筑设备和能源的智能化控制和管理。通过物联网技术，可以对建筑设备进行全面感知和监测，实现设备的自动化控制和能源的有效管理，提高建筑的能效和舒适性。

总之，物联网的广泛应用使得人类的生产和生活达到智能化的状态，提高了资源利用率，改善了人与环境之间的关系。随着技术的不断发展和创新，物联网将在各个领域发挥更大的作用，推动社会的进步和发展。

二、物联网应用于电力安全管理的必要性

随着电力信息化建筑的不断完善，逐步实现了企业的动态管理，可以有效地检测电力企业中的危险源及其设备出现的问题。随着物联网技术的不断普及，其对于电力企业的发展发挥着越来越大的作用。

1. 必要保障

物联网技术的不断发展和应用使得电力企业不断由单一的能源供应商向能源与信息综合配置服务商的角色过渡。这一变化为电力企业带来了许多前所未有的机遇和挑战。

（1）物联网技术的应用使得电力企业能够实现更高效、安全的生产经营目标。通过物联网设备的智能感知和远程监控，电力企业能够实时监测设备状态、能源消耗和供电质量等关键指标，及时采取措施进行调整和优化，提高生产效率和能源利用效率，降低生产成本和能源浪费。

（2）物联网技术的发展为电力企业提供了全面的数据支持和信息化管理手段。通过物联网设备的联网互联，电力企业可以实现对能源供应链、供需配电、能源交易等环节的全面信息化管理。通过数据的收集、分析和应用，电力企业能够更好地预测市场需求、优化资源配置、制订精细化的生产计划，从而提升企业的运营效率和竞争力。

（3）物联网技术的应用可以实现电力企业与环境的协调发展。通过物联网设备对环境的监测和数据采集，电力企业可以及时了解环境状况、资源利用情况和环境影响，从而更好地规划和管理能源供应，减少对环境的影响，推动可持续发展。

（4）物联网技术的应用使得电力企业与用户之间的互动更加紧密和便捷。通过物联网设备的连接，电力企业可以实现对用户需求的精准感知和个性化服务的提供。用户可以通过智能设备实时监测能源使用情况、获取能源消费数据和费用信息，同时也能够参与能源管理和节能减排的行动，实现用户与电力企业的互利共赢。

综上所述，物联网技术的不断发展与应用为电力企业带来了巨大的变革和发展机遇。它使得电力企业能够更高效、安全地运营，实现与环境的协调发展，改善人与自然之间的矛盾，确保电力企业的持续健康发展。随着物联网技术的不断创新和进步，电力企业将能够更好地适应市场需求，提供更优质的能源与信息综合配置服务，为社会经济发展和可持续发展做出更大的贡献。

2. 有效途径

推进电力企业信息化建设的有效途径之一是持续推动物联网的发展和应用。尽管在过

去的 10 年中，我国电力企业已经取得了一定的自动化建设成果，但仍然存在一些缺点和不足之处。

（1）目前存在着不同系统之间信息无法互通的问题。各个系统中的信息相互独立存在，缺乏有效的信息共享和整合机制。随着电力企业集团化管理思想的不断推进，实现系统之间的信息互联将成为必要的趋势。通过物联网技术的发展和应用，可以建立起系统间的数据交换和共享机制，实现信息的整合和互通，提高信息流动的效率和准确性。

（2）随着技术改革的不断推进，电力企业的信息化管理体制也将不断完善和发展。信息化建设要将各种信息资源进行集成和统一管理，以实现信息资源的最大化利用和价值发挥。通过物联网技术，可以将各种设备、传感器和监测系统连接起来，实现实时数据的采集、传输和处理，为电力企业的决策和运营提供全面、准确的信息支持。

（3）物联网技术的发展还可以推动电力企业向智能化和数字化转型。通过连接和管理各种智能设备和终端，电力企业可以实现对设备和系统的远程监控、自动化控制和智能化管理。这将提高电力企业的运营效率、安全性和可靠性，同时也为电力企业提供了更多的创新空间和业务拓展机会。

综上所述，物联网技术的持续发展和应用是推进电力企业信息化建设的重要途径之一。通过物联网的互联互通和信息集成，可以弥补现有系统之间信息不互通的缺陷，实现电力企业信息的整合和共享。同时，物联网技术的应用还可以推动电力企业的智能化转型和数字化发展，提升企业竞争力和可持续发展能力。

3. 重要支撑

物联网作为一种先进的信息技术，将成为我国智能电网建设的重要支撑。它通过连接、感知和互联互通的方式，实现电网设备和系统之间的智能化互动，推动了智能电网的自动化、信息化和互动化发展。

（1）物联网在智能电网中的应用可以提升电网设备的利用率和电网的输电能力。通过对各类电网设备进行感知和监测，物联网可以实时获取设备状态和运行数据，并进行智能分析和优化调度。这使得电网运行更加高效和可靠，减少了能源的浪费和损失。

（2）物联网的应用进一步提高了智能电网的安全性、适用性和可靠性。通过对电网设备的远程监控和实时故障诊断，物联网可以及时发现并处理潜在的故障和安全隐患，减少了电力事故的发生和对电网的影响。同时，物联网可以根据实时数据和需求变化进行智能调节和优化，提高电网的适应性和可靠性。

（3）物联网技术对于智能电网在发电、输电、配电、变电和用电五大环节的信息收集、处理和交流能力起到关键作用。通过与各类电力设备、传感器和终端的连接，物联网可以实现对电力系统的全面监控和管理，实时获取各个环节的数据和信息。这为智能电网的运行优化、能源调度、故障预警等提供了强大的支持，实现了电力系统的高效运行和智能化控制。

综上所述，物联网技术在智能电网建设中具有重要作用。它提升了电网设备利用率和输电能力，提高了电网的安全性和可靠性，同时也增强了智能电网在信息收集、处理和交流方面的能力。随着物联网技术的不断发展和应用，我国智能电网将迈向更加智能化、高效化和可持续发展的新阶段。

三、物联网在电力安全管理中的应用

"物联网技术的应用与发展受到越来越多的关注，物联网的相关技术和产品在电力安全生产管理中发挥巨大作用。"[①]

（一）智能化服务

物联网的应用促进了电网与用户之间的互动，有利于采集用户的用电信息、有效地控制用户的能效、智能管理家居等技术的实现，使得电力的安全可靠性和电力质量及用电效率得到提高，最终达到节能减排，绿色环保的目的。智能电网利用物联网技术，对用户的信息可以更准确地监控，更好地满足电网的管理需求。智能电网改变了传统的电力系统用电状况（夜间部分电网的容量因用户用电减少而闲置），利用智能电表，设计出用户和电网都适用的动态计费方式，鼓励用户避开高峰期，提倡夜间用电。用户的电费减少的同时，也有效地舒缓了高峰期的用电。

（二）有效监控

通过物联网技术，电力企业能够提高对电网设备的感知程度，并与通信网络相联合，实现对数据的及时处理和监测。特别是在输电线路的监控方面，物联网技术发挥着重要作用，能够实现对输电线路的动态监测和预警。

1. 物联网技术可以实现对输电线路的风偏监测

通过在输电线路上安装风偏传感器，实时感知线路的风偏情况，并将数据传输至中心控制系统。中心控制系统可以对风偏情况进行分析和判断，及时采取措施，如调整线路负荷、增加附加设备等，以保证线路的安全运行。

---

①李建华. 电力安全管理中物联网技术的运用探究［J］. 计算机光盘软件与应用，2014（22）：71.

2. 物联网技术可以实现对绝缘子污秽情况监测

通过在绝缘子上安装污秽传感器，监测绝缘子表面的污秽程度，并通过物联网传输数据至中心控制系统。中心控制系统可以对绝缘子的污秽情况进行实时监测和分析，及时制订清洗计划，保持绝缘子的良好状态，以提高输电线路的可靠性和安全性。

3. 物联网技术可以监测输电线路的覆冰情况

通过在线路上安装覆冰传感器，感知线路表面的覆冰情况，并将数据传输至中心控制系统。中心控制系统可以对覆冰情况进行实时监测和分析，及时采取措施，如加热线路、除冰处理等，以防止覆冰对线路运行造成的影响。

4. 物联网技术可以结合气象监测数据

通过物联网技术，可实现对输电线路周边气象条件的监测。通过感知气温、湿度、风速等气象参数，并将数据与输电线路的监测数据进行综合分析，判断是否存在气象条件对输电线路的影响，进而及时采取相应的措施，确保线路的安全运行。

（三）保证生产效率

电力企业通过物联网技术，可以在发电机组中设置监测点，实时监测发电机组的运行状态，包括电压、电流、功率、温度、振动等各项指标。通过传感器网络，将这些监测数据传输至中心控制系统，实现对发电机组的远程监控和管理。

通过物联网技术，电力企业可以对发电机组进行全面监测，及时发现异常情况和故障，并进行预警和诊断。中心控制系统可以对监测数据进行实时分析和处理，根据设定的规则和算法，判断发电机组的运行状态是否正常，及时发出报警信号并采取相应的措施，以确保发电机组的安全运行和高效生产。

另外，电力企业还可以利用物联网技术在水电站等坝体上设置传感器网络，实时监测坝体的动态变化。通过监测坝体的位移、压力、温度等参数，可以及时了解坝体的安全状况，并采取相应的措施进行调整和修复，降低水库中的风险，确保水电站的安全运行。

此外，利用物联网技术结合气象传感器，电力企业可以实现对发电厂周边气象条件的监测。通过采集气压、温度、风速、辐射等气象信息，结合发电厂的运行数据，可以对发电厂的环境参数进行实时监测和分析。这有助于预测和应对不利天气条件对发电厂运行的影响，确保发电厂的安全运行和生产效率。

（四）实现自动化，加强预警功能

电力企业利用物联网技术可以实现对设备的实时监测和预警诊断，以提高抢修准备和设备安全性。通过无线传感器监测设备各部位的温度变化，可以判断设备的运行状态，及时发现异常情况并采取相应的措施，确保设备的安全运行。

在电力工程中，物联网技术也得到广泛应用。由于电力工程存在各种安全隐患，其危险性和复杂性难以预知，物联网技术在一定程度上可以保证作业人员的安全。通过物联网技术，可以进行身份识别，实现远程监控，检测环境参数，监督和控制施工状态，避免违规操作导致的安全问题的发生。

通过物联网技术，电力企业可以实现对工程作业现场的实时监测和数据采集。例如，利用传感器监测高处作业人员的位置和动作，检测设备的工作状态和运行参数，监控作业环境的温度、湿度、气体浓度等。通过将这些数据实时传输至中心控制系统，可以对作业现场进行远程监控和管理，及时发现异常情况并采取措施，提高工作安全性和效率。

此外，物联网技术还可以用于设备的远程操作和控制。通过远程控制设备的开关、调节参数等操作，可以避免人工操作带来的安全风险，并提高作业的灵活性和效率。同时，物联网技术还可以与人工智能、大数据分析等技术相结合，实现对电力工程的智能化管理和优化决策，提高整体工程的效能和安全性。

（五）技术提升，保证安全

在电力企业的发展中，安全监控和继电保护是非常重要的方面。通过互联网技术的应用，可以实现对电网内部运营情况的有效感知，例如电流、电压的变化，从而可以预测障碍的发生，并及时采取措施进行处理。通过网络重构，可以将危险局限在萌芽状态，避免事故的扩大，并且可以将相关信息反馈给信息中心，以进行进一步的优化和决策。

物联网技术的应用还可以实时感知外界的气象条件，如风速、温度、湿度等，特别是在恶劣的天气条件下。通过物联网技术连接的塔杆调节装置，可以根据外界环境变化自动调整塔杆的受力情况，增强电力设备抵御灾害的能力，保证电力系统的安全运行。例如，在强风天气中，通过感知到的高风速情况，自动调整塔杆的倾斜角度，减少对塔杆的侧向力，从而降低塔杆倒塌的风险。

物联网技术的应用还可以通过传感器和监测设备对电力设备进行实时监测和预警。通过传感器感知设备的温度、振动、电流等参数，可以实时监测设备的运行状态，当出现异常情况时，及时发出预警信号，以便及时采取相应的维修和保护措施，避免设备故障对电力系统的影响。

　　综上所述，物联网是电力安全管理中的重要支撑，广泛应用物联网于电力安全管理中，是电力企业发展的需求，也是社会发展的必然趋势。通过对物联网在电力安全管理中运用的研究，我们进一步了解了物联网对电力企业发展的重要性，也有助于其他电力企业了解物联网，并且推广应用物联网。

参考文献

[1] 安景文，安娴，王龙康，等. 基于犹豫模糊集的生产安全事故应急预案评估研究 [J]. 中国安全生产科学技术，2017，13（5）：128-133.

[2] 程运生. 水电勘测设计企业安全生产事故应急预案编制中若干问题的探讨 [J]. 水力发电，2008，34（3）：88-89，92.

[3] 崔永青，邢立. 从《安全生产法》谈企业的安全生产管理 [J]. 地质技术经济管理，2003，25（2）：58-61.

[4] 丁马非. 电力安全监督标准化管理措施研究 [J]. 电力系统装备，2023（1）：133-135.

[5] 杜岚. 水力发电企业安全生产管理的思考 [J]. 中国水利，2011（2）：31-32.

[6] 杜修明，童涛，龙国华，等. 一起 500kV 避雷器故障原因分析 [J]. 电瓷避雷器，2022（3）：61.

[7] 冯卡. 浅析电气设备保护接地与保护接零的应用 [J]. 工业设计，2015（7）：165-166.

[8] 何晓锦. 义乌电力安全监督标准化管理系统设计与实现 [D]. 四川：电子科技大学，2014.

[9] 胡建强，李仁昊. 以人为本的安全生产管理审计 [J]. 中国内部审计，2017（9）：65-67.

[10] 黄建新. 有关电气设备保护控制分析 [J]. 城市建设理论研究（电子版），2015，5（32）：411-412.

[11] 霍文涛，张冬冬. 电力网络安全主动式风险预警系统设计 [J]. 电力安全技术，2023，25（4）：36-39.

[12] 姜锦峰. 电力系统自动化技术安全管理策略研究 [J]. 通信电源技术，2020，37（20）：259-261.

[13] 孔令文. 安全电压与安全用电 [J]. 湖南农机，2009（12）：27.

[14] 李洧涛，李克昌. 电力工程设计中的全过程监督问题探讨 [J]. 湖南电力，2007，27（3）：54-55，60.

[15] 李建华. 电力安全管理中物联网技术的运用探究 [J]. 计算机光盘软件与应用, 2014 (22)：70-71.

[16] 李珂. 电力安全监督标准化管理系统研究与实现 [J]. 名城绘, 2018, 0 (9)：260.

[17] 李毓文. 浅谈煤矿井下电气设备保护 [J]. 科学与信息化, 2018 (3)：127-128.

[18] 梁辉. 我国企业安全生产管理模式分析 [J]. 煤炭技术, 2009, 28 (10)：198-200.

[19] 林述书. 省级生产安全应急救援体系建设方案探讨 [J]. 中国安全科学学报, 2004, 14 (11)：38-42.

[20] 刘铁民, 刘功智, 陈胜. 国家生产安全应急救援体系分级响应和救援程序探讨 [J]. 中国安全科学学报, 2003, 13 (12)：5-8.

[21] 刘文杰. 物联网技术在电力安全管理中的应用 [J]. 电子乐园, 2019 (16)：20.

[22] 刘长江, 吴卓丽. 继电保护 [J]. 中国科技投资, 2017 (18)：184.

[23] 罗莎莎. 信息化技术在电力安全管理工作中的应用研究 [J]. 中国新通信, 2021, 23 (21)：145-146.

[24] 毛海峰, 贾根武. 从安全生产管理体制到安全生产运行机制 [J]. 中国安全科学学报, 2002, 12 (1)：5-8.

[25] 饶宏, 韩丰, 陈政, 等. 我国电力安全供应保障策略研究 [J]. 中国工程科学, 2023, 25 (2)：100-110.

[26] 宋官昌, 罗渊浩. 浅析电气设备保护控制 [J]. 中国科技纵横, 2010 (13)：281.

[27] 汤广福, 周静, 庞辉, 等. 能源安全格局下新型电力系统发展战略框架 [J]. 中国工程科学, 2023, 25 (2)：79-88.

[28] 陶佳宁. 电力安全监督标准化管理系统研究与实现 [D]. 四川：电子科技大学, 2012.

[29] 陶莹, 陈思远, 胡丽娟. 电力安全监管工作优化途径 [J]. 科学与信息化, 2023 (8)：19-21.

[30] 王宇航, 樊晶光, 缴瑰, 等. 建立我国安全生产应急救援标准体系的初步构想 [J]. 中国安全生产科学技术, 2006, 2 (3)：55-59.

[31] 魏晓飞. 工厂变配电室电气设备保护措施 [J]. 电力系统装备, 2021 (13)：157.

[32] 邢长征, 荆赢. 企业安全生产管理新研究 [J]. 计算机仿真, 2014, 31 (6)：338-342.

[33] 熊炬. 加强电力安全生产管理的对策 [J]. 煤炭技术, 2013 (10)：56-57, 57.

[34] 徐越峰, 冯杰, 纪云鸿, 等. 基于物联网技术的电力现场作业安全管理系统设计 [J]. 制造业自动化, 2019, 41 (8)：110-114.

[35] 杨振立. 电力安全管理技术中存在的主要问题及对策研究 [J]. 科技传播, 2015, 7 (21)：132-133.

［36］依布拉音·沙依木. 谈谈安全电压 ［J］. 城市建设理论研究（电子版），2012（17）.

［37］张恩泽. 信息化技术在电力安全管理工作中的应用研究 ［J］. 科学与信息化，2022（15）：193-195.

［38］周劼英，张晓，邵立嵩，等. 新型电力系统网络安全防护挑战与展望 ［J］. 电力系统自动化，2023，47（8）：15-24.

［39］周涛. 信息化技术在电力工程施工安全管理中的应用探讨 ［J］. 科学与信息化，2022（22）：196-198.